拿回我們的未來

年輕氣候運動者搶救地球的深度行動

娜歐蜜・克萊恩、
Naomi Klein
麗貝卡・斯蒂夫——著
Rebecca Stefoff

區立遠——譯

HOW TO CHANGE EVERYTHING

The Young Human's Guide to Protecting the Planet and Each Other

STOP
CLIMATE
CHANGE

溫暖地記念提奧．索拉斯基
（Teo Surasky, 2002–2020）

娜歐蜜．克萊恩

Contents

第三部分．接下來發生什麼

導論

在珊瑚礁

我小的時候，有很多時光在水下度過。六、七歲時，父親教我浮潛，那是我最快樂的回憶。我是一個害羞的孩子，經常感到侷促不安。但是有一個地方總是讓我覺得自由自在，只要在那裡就不會覺得不安——那就是在水裡。如此近距離遇見海洋生物，總是讓我感到神奇。

當你第一次游到珊瑚礁上時，魚大多會四下逃開。但是如果你多待幾分鐘，用呼吸管靜靜呼吸，魚就會把你當成海景的一部分。他們會直接游到你的潛水鏡之前，或者輕輕咬你的手臂，我總是覺得這些時刻非常夢幻與寧靜。

因此多年以後，當我去澳洲工作時，我決定試著給我四歲的兒子托瑪（Toma）一個海底經驗，像我小時候就喜歡上的那樣。我想讓他看到，儘管海面上看起來很普通，但是當你往海面以下看的時候，你會看到一個全新與多彩的世界。

托瑪剛學會游泳，而我們正要踏上首度拜訪大堡礁（Great Barrier Reef）的旅程。大堡礁是地球上最大的由生物組成的結構——包括數兆個微小的珊瑚生物。時間點似乎很完美。

我們是跟一個影片製作小組和一群研究珊瑚礁的科學家一起去的。我完全不確定托瑪能否專心看一下珊瑚，但是他的臉上閃過一道真正的驚嘆。他看到「尼莫」（Nemo）*。他看到一隻海參。我相信他甚至看到一隻海龜。

那天晚上，當我把他捲進我們飯店房間的被窩裡時，我說：「今天是你發現海底下還有一個祕密世界的日子。」他抬起頭，臉上純粹的幸福告訴我他瞭解我的意思。他說：「我看到了。」我的心裡混雜著喜悅和悲傷，因為我知道，就在他發現我們世界的美麗之際，這個美正在消逝。

*譯註：二〇〇三年迪士尼動畫片《海底總動員》（*Finding Nemo*）裡的主角小丑魚。

大堡礁是我見過最令人讚嘆的地方，到處都是色彩繽紛的生命，海龜和鯊魚從五彩斑斕的珊瑚和魚旁邊游過。但是珊瑚礁也是我見過最嚇人的東西，因為它有很大一部分——我沒有讓托瑪看到這部分——已經死亡或正在垂死之中。

那部分的珊瑚礁是一個墳場。作為一名報導過氣候變遷與環境問題的新聞記者，我是來報導大堡礁的，我知道正在發生的是什麼事。

一個珊瑚礁滅絕事件，即大規模的珊瑚白化正在大堡礁肆虐。當水溫高時，就會產生白化現象，活珊瑚會變成鬼魅般的白骨。如果水溫迅速回到較低的溫度，珊瑚還可以恢復正常。不過在二〇一六年春天時，水溫一連好幾個月都維持在高溫，四分之一的珊瑚礁死亡，變成了褐色的腐爛黏液，且至少另外一半的珊瑚受到了一定的影響。

太平洋的水溫不必上升太多，就可以在大堡礁造成這種大規模的死亡。海洋溫度只要上升華氏一・八度，或者攝氏一度，就超過這些珊瑚可以存活的溫度；結果就是我看到的珊瑚礁死亡與瀕死的部分。

珊瑚不是唯一受到白化現象衝擊的生物。許多魚類和其他生物都依賴珊瑚提供的食物或棲地。全世界約有十億人口的食物和收入是來自依賴珊瑚礁的魚類。當珊瑚礁死亡時，損失會擴及很遠的地方。可悲的是，有更多的珊瑚礁正在死亡。這是因為，不只在大堡礁，而是每個地方的溫度都在升高，而這些上升的溫度正在改變我們的世界。這本書要談的就是這個改變。我們要談到，為什麼溫度在升高，溫度升高如

健康的珊瑚礁，充滿活力的海底世界。

何改變氣候並損害這個我們所有人共有的星球，以及最重要的，我們所有人可以做些什麼。

我們每個人都可以努力減少汙染，以避免改變我們的氣候，但是我們能做的遠遠不止於此。我們確實需要針對氣候變遷採取行動，以保護自然世界以及支持所有生命的地球，但是我們還可以做得更多。

氣候變遷有很多方面是不公平的。其中之一就是，它正在從像我兒子托瑪這樣的年輕人手裡偷走一個健康、乾淨的地球，也包括從你手中偷走。

同樣不公平的是，氣候變遷對人們的衝擊並不均等。窮人與少數族群的社區通常會因為這些衝擊而遭受比其他人更多的痛苦。所以，這本書也要談到正義，或者公平的問題。我們對氣候變遷所做的回應，何以不僅有助於打造一個更不汙染的世界，而且也將使這個世界對我們所有人來說更為公平。

你和你們這個世代，以及未來的許多世代，不曾做過任何會造成氣候變遷危機的事，但是你們將承受它最惡劣的影響——除非我們做出改變。

我寫這本書是為了告訴你，這種正向的改變是可能的。然後，就在我完成這本書的時候，世界面臨了一場突如其來的危機。一種被稱為新型冠狀病毒的新興傳染病出現了。

如果水溫沒有轉冷，被溫水白化的珊瑚就會死亡，並變成褐色。而一旦珊瑚礁死亡，它撐起的生命之網最終也將崩潰。

二〇二〇年初，這種病毒發展成一種世界性的流行病，影響到幾乎每一個國家的人民。感染率與死亡率不幸的都非常高。數百萬人不得不改變他們的生活方式，待在家裡，避免與其他人接觸，以減緩病毒的傳播。許多國家關閉了學校，孩子們突然進入新的在家學習的日常生活，同時想念著他們的朋友。

在本書的結尾，你會看到我認為我們可以從這個世界性的共同經歷中學到什麼。但是當你讀接下來的章節時，請記得，新冠病毒的世界大流行並不會阻止氣候變遷，也不會阻止使氣候變遷得到控制的運動。

這個運動正在進行之中，它的目標是要對抗氣候變遷，同時讓每一個人都能有一個公平且適合居住的未來，我們稱此為氣候正義。而年輕人不只是這場運動的一部分，他們還是運動的領導者。你會成為他們當中的一員嗎？

我希望這本書能幫助你回答這個問題。這本書的用意就是給你提供資訊以及其他更多東西——靈感、想法以及行動工具。

首先你會看到，一些跟你一樣的孩子正採取哪些步驟來對抗氣候變遷與追求社會正義，包括種族、性別以及經濟正義。之後，你將深入探索我們所瞭解的氣候現狀，以及我們是如何走到這一步；然後你可以幫忙決定接下來要怎麼做。你不會是唯一一個，在這些篇幅裡，你會看到來自世界各地的年輕運動者，他們正努力保護我們的地球並且贏得氣候正義。

深入觀察氣候變遷的現實或許非常可怕，但是請不要讓事實嚇倒你。請記得，這只是故事的一部分。故事的另一部分——這部分激起了世界各地成千上萬像你一樣的年輕人——是，我們還有選擇。反種族主義與支持氣候行動的大型示威讓我們看到，數以百萬計的人們都渴望改變。我們能建立一個更美好的未來，只要我們願意改變一切。

第一部分

我們在哪裡

Make every day Earth Day

第一章

孩子們採取行動

他們像流水般從學校湧出，情緒高昂。細小的人流從小街流入大道，在那裡與其他兒童與青少年的洪流混在一起。呼口號、聊天，穿著從清爽的校服到豹紋緊身褲的各種衣服，孩子們在世界各地數十個城市裡形成了洶湧的潮流。他們的遊行隊伍達到數百人、數千人以及數萬人之譜。

商務人士從辦公室的窗戶往下注視，並訝異這許多孩子不上學是在做什麼？商店的顧客對街頭上高昂的情緒感到困惑？遊行者高舉的牌子回答了這些問題：

THERE IS NO PLANET B!
THE HOUSE IS ON FIRE
DON'T BURN OUR FUTURE

紐約市的一萬名年輕遊行者中，有一個女孩舉著她的畫作，上面畫著大黃蜂、鮮花與叢林裡的動物。畫面非常豐富，上面的文字卻很嚴厲：**在過去五十年中，有百分之四十五的昆蟲因為氣候變遷而滅亡，百分之六十的動物已經消失。**在這幅圖的中心，她畫了一個沙子已經漏完的沙漏。

那一天，二〇一九年三月，就是第一次全球氣候大罷課。

學生罷課

第一次罷課的組織者估計，當天在一百二十五個國家裡，將近有兩千一百場青少年氣候罷課，超過一百五十萬年輕人參加了行動。他們大多數都踏出了學校——有些經過同意、有些則沒有；有的罷一個小時、有的罷一整天。

大多數學生走上街頭，是因為他們認識到，他們所學習到的世界裡存在一個深刻的衝突。學校的課本與紀錄片向他們展示了古老的冰河、奇麗的珊瑚礁以及我們星球上其他許多堪稱奇蹟的生物。但幾乎在同一時間，他們也發現，由於氣候變遷，這些奇蹟大部分已經消失了。如果他們等到長大了再採取行動，那麼還有更多的東西也會消失。

瞭解氣候變遷之後，這些孩子深信，事情不能在原本的道路上繼續下去。因此，就像之前的許多團體一樣，他們也走上街頭，為改變世界而奮鬥。

但是許多這些年輕人參加罷課，不只是為了防止未來遭受損害，而是因為他們現在已經活在氣候危機中。在南非開普敦，數百名年輕的罷課學生向他們的政治領袖高喊，要求停止通過新的會導致全球暖化的開發計畫。一年之前，這座巨大的城市在一連數年的低雨量與嚴重乾旱之後，已經幾乎走到無水可用的絕境。這很可能是氣候變遷造成的，或至少是被其惡化的結果。

在太平洋島國萬那杜（Vanuatu），年輕的罷課者大喊：「我們要提高的是音量，不是海平面！」他們的鄰居索羅門群島（Solomon Islands）已經有五個小島被海水淹沒，因為氣溫升高使海水膨脹，冰河與冰蓋融化，以至於海平面正在上升。

「你出賣我們的未來，只為了獲利！」印度德里的學生們戴著白色醫用口罩大聲吶喊。德里是世界上汙染最嚴重的地方，部分原因是：印度是煤炭的主要使用國，而煤炭是會產生汙染的燃料。然而形成可見空氣汙染的霧霾並不是煤炭唯一的問題，燃燒煤炭還會把被稱為溫室氣體的無形物質釋放到空氣中。正如那裡示威的學生所知道的，以及如你將看到的，這些氣體就是我們氣候正在變化的原因。

那天是有史以來第一次全球氣候罷課——而且這場運動是由孩子們發起與運作的。

在第一次氣候罷課期間，當年輕人塞滿了澳洲雪梨的街道時，空氣中也充滿了希望與決心，還有一顆彈跳的地球。

隨著第一次與接下來的幾次罷課，世界各地的年輕人都要求對他們世界的未來有發言權。

我們應該得到更好的對待

在澳洲各城市裡，有十五萬年輕人走上街頭，參加第一次氣候大罷課。他們知道氣候變遷已經在損害他們的國家。其中一個影響，就像你在本書開頭所看到的，是暖化的海水正在殺死大堡礁——澳洲與世界的自然寶藏。

然而，澳洲一直是煤炭的主要生產國與出口國。而當煤炭作為發電與其他用途的燃料而燃燒時，會排放使氣溫升高的溫室氣體。澳洲的罷課組織者——十五歲的諾斯拉特·法雷哈（Nosrat Fareha）對澳洲的政治領導階層說：「你們讓我們所有人失望透頂。我們應該得到更好的對待。年輕人甚至不能投票，卻必須承受你們不作為的後果。」和其他城市的年輕人一樣，法雷哈也不怕對當權者直率地說出真話。這種無所畏懼的態度正是青少年發起運動、追求改變的優勢之一。

一名瑞典少女

二〇一九年三月的氣候大罷課讓全世界看到一場規模龐大的青少年運動，且運動仍在發展之中。這場運動很大程度上是從瑞典斯德哥爾摩一位十五歲的女孩開始的。

格蕾塔．童貝里（Greta Thunberg）八歲時開始研究氣候變遷。她在報導冰河融化與物種消失的紀錄片中瞭解到，燃燒煤、石油與天然氣等化石燃料會排放或釋出溫室氣體到大氣中，而這些氣體會加劇氣候變遷。發電廠、家戶與工廠的煙囪、汽車與飛機全都會排放溫室氣體到空氣裡。

格蕾塔也瞭解到，以肉類為基礎的飲食會增加溫室氣體排放；這是因為飼養大量牲畜——尤其是牛的養殖——就意味著人們必須砍伐大量森林來開闢牧場。這種森林砍伐使樹木減少，而樹木會吸收有害的溫室氣體——二氧化碳，把它從大氣中移除。此外，牛與牠的糞便會給大氣添加另外一種溫室氣體——甲烷。

格蕾塔漸漸長大，也學到更多東西，她開始專注於科學家對地球未來的預測：如果我們不改變現有的生活方式，地球到二〇四〇年、二〇六〇年以及二〇八〇年，各會是什麼樣子。她想著，這對她自己的人生將意味著什麼——她將不得不承受許多災難，許多動物與植物將永遠從世界上消失，且如果她決定為人父母，她自己的小孩將面臨多少艱辛。

但是她也瞭解到，氣候科學家最悲觀的預測並不是註定不變的，如果現在大膽採取行動，人類有很大的機會可以確保安全的未來。我們仍然可以拯救一些冰河，也可以保護許多島國不被海水吞噬。我們或許可以使大規模的糧食短缺與無法忍受的高溫免於發生，使數百萬甚至數十億人無需逃離家園。

格蕾塔很訝異，為什麼不是每個人都在談論如何預防氣候災難？為什麼各國，比如她的國家，沒有採取大動作來減少溫室氣體排放？這個世界著火了，但是格蕾塔往四處看去，人們仍在過著他們的生活，購買他們不需要的新車和新衣服，好像那些問題不存在。

大約十一歲的時候，格蕾塔陷入了嚴重的抑鬱。她無法擺脫抑鬱症的一個原因是，格蕾塔有一種自閉症，這使她極度專注於讓她感到興趣的主題。因此，當格蕾塔把她的注意力全神貫注在氣候崩潰時，她看到也感受到這場危機全部的意涵。她再也無法把注意力轉向別處，為這個星球感到的恐懼與悲傷使她無法負荷。抑鬱症並不單純，除此之外還有其他因素。但是格蕾塔完全無法理解，為什麼掌握權力的人對氣候變遷的危機沒採取多少行動，他們難道不覺得害怕與生氣嗎？

她後來從抑鬱症中走出來，很大一部分的原因是因為她找到方法，去平衡她所瞭解的造成氣候危機的原因以及她與家人的生活方式，兩者間不要再有令她難以忍受的落差。她說服她的父母停止吃肉、停止搭飛機。不過，對她來說最重要的改變是，她找到方法來告訴世界上所有其他人，停止假裝一切都沒問題的時候到了。如果她

格蕾塔．童貝里，一個孤獨的瑞典中學女生，發起了一場席捲世界各地的運動。

希望重量級的政治家把對抗氣候變遷的工作視為緊急要務，她認為，那她自己的生活也必須表達出這種緊急狀態。

所以在二〇一八年八月，十五歲的格蕾塔開學時沒有去上課。相反地，她去了瑞典的政府中心，坐在門外，手上拿著一個自己做的標語，上面寫著**氣候大罷課**（SCHOOL STRIKE FOR CLIMATE）。她每個星期五都在那裡度過，穿著二手店買的套頭衫，紮著淺棕色的辮子。這個單人行動就是「未來星期五」（Fridays for Future）運動的開始。

公開抗議可以是發表聲明的有力方式，但抗議並不總能使事情在一夜之間發生改變。起初人們對拿著牌子坐在那裡的格蕾塔視若無睹。不過，漸漸地，她的抗議引起了一些新聞關注。有一些人開始注意到她；這些人理解她試著傳達的內容，同意她的觀點，也跟她一樣有話要說。接著有其他學生以及少數成年人也拿著標語前來聲援。很快地，格蕾塔被邀請到各處發言，先是在各種氣候集會上，然後在聯合國氣候變遷會議上，再到歐盟峰會、英國國會發表演說。

格蕾塔曾說過，她這種自閉症的人「不太懂得說謊」，她都說簡短而尖銳的真話。「你們辜負了我們」，她二〇一九年九月在聯合國對各國領袖與外交官說。「但是年輕人開始瞭解你們的背叛，所有未來世代的眼睛都在看著你們。如果你們選擇背叛我們，我要說，我們永遠不會原諒你們。不要以為你們可以不用負責，就在這裡，就在此刻，我們的忍耐到此為止。這個世界正在覺醒，改變即將來到，不管你高不高興。」

即使格蕾塔的發言沒有讓世界各國領袖採取積極的行動，她的話語還是讓許多其他人激動不已。人們在社交媒體上分享關於她的影片。他們談到，格蕾塔如何激勵了他們，讓他們面對自己對未來氣候的恐懼，並採取行動。突然間，世界各地的孩子們都從格蕾塔那裡得到啟發。他們組織了自己的學生罷課，許多人舉起寫著她的話的標語牌：**你為什麼不恐慌，我們的家失火了**。

二〇一九年十二月，《時代》雜誌將格蕾塔．童貝里評為有史以來最年輕的年度人物，理由是她以激進行動呼籲人們關注氣候危機。然而她把光榮歸於其他年輕的運動者——佛羅里達州帕克蘭（Parkland）的學生，說自己是受到他們的啟發。二〇一八年二月，在學校有十七個人被謀殺之後，帕克蘭的學生們發起了全國性的罷課活動，以訴求「槍支管制」。以他們為榜樣，格蕾塔把青少年氣候變遷運動推上了世界舞台，然後以她為榜樣，成千上萬跟你一樣的孩子已經投入了阻止氣候變遷的運動。

格蕾塔的強大力量

自閉症患者的日子並不容易。格蕾塔說，對大多數人而言，自閉症就是「與學校、工作場所和霸凌進行無止盡的爭鬥。但在合適的狀況下，在做出正確的調整之後，自閉症可以是一股強大的力量。」

這就是為什麼格蕾塔把自己對問題清楚的認識以及清楚談論此問題的能力歸功於自閉症。「如果碳排放必須停止，那麼我們就必須停止碳排放」，她說。「對我來說，這是非黑即白的問題，生存的問題沒有灰色地帶。我們的文明要麼能繼續下去，要麼不能。我們非改變不可。」

瞭解到氣候如何變遷，可能讓人感到悲傷、憤怒或恐懼。但是格蕾塔發現，她能透過採取行動與公開表態來處理這些情緒——而當她這樣做時，她也成為許多人可以倚靠的夥伴。就像牡蠣裡的一小粒沙能讓自己周圍形成一顆珍珠，格蕾塔小小的抗議行動也形塑了某種美麗而強大的東西。

兒童權利訴訟

年輕人不只是把氣候運動帶到街頭上，他們也把運動帶上法庭。他們能利用國際法來對抗氣候變遷嗎？來自五大洲十二個國家的十六個孩子將會找出答案。

二〇一九年九月，這些年齡從八歲到十七歲不等的氣候運動者根據一項國際條約——《聯合國兒童權利公約》（*UN Convention on the Rights of the Child*）——向聯合國提出法律訴訟。該項公約於一九八九年生效，旨在保護簽署國的兒童權利。在其他要點之外，公約還載明，每一個兒童都有「生命權」，政府「應盡其最大努力確保兒童的生存和發展」。

他們的法律控訴特別指名阿根廷、巴西、法國、德國以及土耳其。在簽署這項聯合國條約的國家中，這五個國家產生了最大量的溫室氣體。（美國與中國排放的溫室氣體更多，但是美國尚未簽署《兒童權利公約》。中國則尚未簽署使其可以被告的部分。）

提出訴訟的這十六名年輕人表示，由於沒有為氣候變遷做出足夠的限制或準備，這五個國家沒有盡到保護兒童生命與健康權的職責。這是代表世界各地兒童所提出的第一項聯合國氣候訴訟。

下一步將由人權委員會的專家來審查這項訴訟。這個程序可能需要好幾年的時間。如果委員會同意孩子們的意見，它將就如何履行條約所規定的職責向五個國家做出建議。儘管該委員會無權強迫各國遵循這些建議，但是簽署的國家的確承諾過將遵守該條約。

這十六位年輕運動者分別是瑞典的格蕾塔．童貝里與艾倫-安娜（Ellen-Anne）；來自阿根廷的奇雅拉．沙奇（Chiara Sacchi）；來自巴西的卡塔琳娜．羅倫佐（Catarina Lorenzo）；來自法國的伊里絲．迪凱那（Iris Duquesne）；來自德國的萊娜．伊凡諾夫娜（Raina Ivanova）；來自印度的麗迪瑪．潘德伊（Ridhima Pandey）；來自馬紹爾群島的大衛．阿克利三世（David Ackley III）、藍頓．安亞因（Ranton Anjain）以及利托克涅．卡布亞（Litokne Kabua）；來自奈及利亞的黛博拉．阿德格比爾（Deborah Adegbile）；來自帛琉的卡洛斯．曼努埃爾（Carlos Manuel）；來自南非的艾亞卡．梅利塔法（Ayakha Melithafa）；來自突尼西亞的拉斯倫．吉貝里（Raslen Jbeili）；以及來自美國的卡爾．史密斯（Carl Smith）與亞歷山翠亞．薇拉色諾爾（Alexandria Villaseñor）。

大衛、藍頓、利托克涅以及卡洛斯親身體驗到，對氣候變遷採取行動是多麼迫切的需要。他們住在馬紹爾群島和帛琉，太平洋的兩個群島國家。他們的周遭是垂死的珊瑚礁、不斷上升的海平面，以及越來越猛烈的風暴。他們向世界傳達的訊息是，

二〇一九年九月，巴西的卡塔琳娜．羅倫佐講述他們十六名年輕人在聯合國提出的一項控訴；她們指控多個國家未能採取行動來對抗氣候變遷。馬紹爾群島的卡洛斯．曼努埃爾（左）與大衛．阿克利三世（右）也在這十六人之列。

即使你在自己的家鄉或城鎮裡沒有看到氣候變遷發生，但這件事切切實實地正在發生；它很快就會影響到我們所有人。

「氣候變遷正在改變我的生活方式」，利托克涅在訴狀裡說。「它帶走了我的家、土地和動物。」

來自帛琉的卡洛斯說：「我想讓大國們知道，我們這些小的島嶼國家最容易受到氣候變遷的衝擊。我們的家園正在慢慢被海洋吞噬。」

不論人權專家組成的委員會對這起訴訟做出什麼決定，許多跟你一樣的孩子已經表現出，他們是地球生命的凶悍且堅定的守護者。其他許多年輕人已經追隨他們的榜樣，在世界各地提起了類似的與氣候相關的訴訟。

既然你已經看到這些年輕人做了哪些事來喚起對氣候危機的關注，也許你會好奇，是什麼事情使他們想要採取這麼大規模的行動。下一章裡，你將更仔細地瞭解到氣候危機及其成因。你將會瞭解，是什麼事驅使這許多跟你一樣的孩子去致力於讓世界變得更美好。

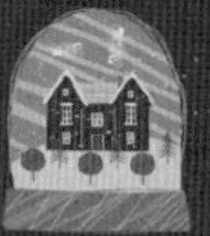

第二章

世界暖化的因素

在二〇一九年的平安夜，南極洲收到一份不請自來的禮物——一項新紀錄，這片冰雪覆蓋的大陸創下了單日融冰量的最高紀錄。南極洲百分之十五表面上的冰已經變成了水，但是變暖的並不是只有這一天。

十二月是南極的夏季，是融冰的季節，因為南半球跟北半球的季節相反。但即使是在夏天，過去也不曾有這麼多冰在這麼短的時間內融化。到聖誕節時，夏季融冰水的水位比月平均高出百分之兩百三十。為什麼？一位科學家說，南極大陸整個季節的溫度都「顯著高於平均值」。

同時，在遙遠的北方，在十二月是冬天的地方，俄羅斯城市莫斯科有個不同但是相關的問題——沒有雪。

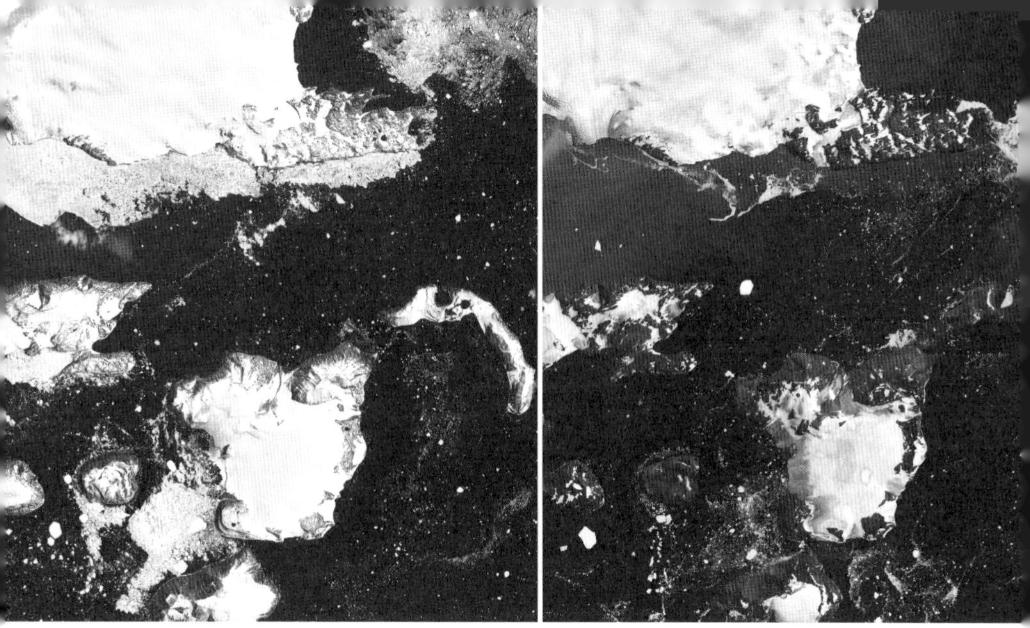

兩張照片拍攝於二〇二〇年二月，相隔僅九天。照片顯示，南極半島尖端在破紀錄的高溫之後融化了多少冰。

幾世紀以來，莫斯科的冬天是出名的。這裡的冬天通常極度寒冷，而且一般年底之前就會下雪。但在二〇一九年十二月，氣溫高於正常溫度，花園也提早開花。孩子們在溜冰場上踢足球，因為沒有冰，沒辦法打曲棍球。市政府官員不得不用卡車運來大量假雪，以舉辦新年的滑雪板活動。

在這種假雪於莫斯科高高堆起的同時，異常的溫暖正在半個地球以外的地方製造氣候悲劇。二〇一九年最後一天，澳洲東南部有數千人逃往海灘，以躲避正在他們家園和社區裡蔓延的野火。

儘管南半球的夏天才剛剛開始，但是澳洲已經陷入了另一場可怕的熱浪之中。在連續三年雨量低於平常之後，大片地區陷入了嚴重的乾旱。樹木與植物已完全乾燥，隨時可以點燃，而且真的燒起來了。當閃電擊中一棵乾枯的樹，當人們升起營火、焚燒垃圾或者亂丟煙蒂時，小火很快就爆發成巨大的火勢，並快速在乾燥的植被區域裡蔓延開來。植物也不是唯一會燃燒的東西，與世界各地許多野火的情況一樣，房屋、店鋪以及其他建物也被摧毀或損壞。

也許這些大規模的野火不該令人訝異，因為不到一年以前，澳洲在二〇一九年一開始就遇到有史以來最嚴重的熱浪。在某些地方，氣溫已連續四十多天飆升到華氏一百零四度（攝氏四十度）以上，那時野火也造成了重大的災害。這些火災摧毀了澳洲塔斯馬尼亞州（Tasmania）大片的原始森林；該月也是塔斯馬尼亞州有紀錄以來最乾燥的一月。

當二〇一九年結束時，澳洲至少有九人死於火災，九百多所房屋被摧毀，超過一千一百萬英畝（四百四十五萬公頃）的土地被焚燒。濃煙與灰燼瀰漫在空氣中，即使正中午的天空也一片灰暗。悲慘的是，大約有五十億隻動物因野火而死亡，包括數千隻澳洲著名的無尾熊，一些稀有動物很可能已被推入滅絕的境地。（在下一年的火災季節，情況繼續變得更糟。到二〇二〇年三月底，已有三十四人死亡，超過三千五百多棟房屋被摧毀，四千六百萬英畝（一千八百六十二萬公頃）以上土地被焚燒，還有三十億隻動物死亡、受傷或離開棲地。」

在二〇一九這一年，世界各地有許多這類與氣候相關的災難與紀錄。

在亞洲，有史以來數量最多的氣旋——即猛烈的熱帶風暴——摧殘了印度洋上的各個國家。在美國，洪水淹沒了中部的廣大區域，摧毀了作物，並迫使人們離開家園。

歐洲與阿拉斯加都創下高溫紀錄。自人類開始記錄氣溫以來，二〇一九年七月是地球上最熱的月分。在九月，覆蓋北冰洋（起碼）數千年的冰層縮小到有史以來第二小的面積。

將近一年之後，西伯利亞——俄羅斯東北部傳統上的寒冷地區——變得酷熱。二〇二〇年六月，偏遠小鎮維爾科揚斯克（Verkoyansk）的氣溫達到華氏一百一十·四度（攝氏三十八度），這是北極地區有紀錄以來的最高氣溫。西伯利亞有些地區甚至比佛羅里達還熱，讓世界各地的科學家感到震驚——這高溫也助長了數百場猛烈的野火。

所有這些事件的共同點是什麼？高溫。

高溫與極端天氣

洪水與乾旱、熱浪與嚴酷的冬季風暴——高溫是如何導致這麼多不同的天氣事件？熱浪很容易瞭解，隨著溫度升高，更熱的白天與夜晚更容易出現，尤其是在夏季，或在原本就溫暖的地方。炎熱的夜晚尤其居重要影響，當溫度在夜間未能顯著下降時，熱浪就持續增強而無法緩解。

其實，熱也會改變地表與大氣之間的關係，並由此對天氣造成影響。當空氣的溫度上升，空氣中就可以容納更多的水蒸氣。在陸地上，溫暖的空氣透過一個叫做蒸發的過程將更多的水從土壤中吸走（在蒸發的過程中，液體變成了蒸氣，也就是氣體）。水也透過蒸散作用離開植物；這是一個與蒸發類似的過程。在乾旱期間，更多的蒸發與蒸散作用會使土壤與植被乾透，因而使乾旱更為嚴重。相應地，異常乾燥的植被在野火中燃燒的風險也會更高。

添加水蒸氣到大氣中也會加劇其他類型的天氣。額外的水分意味著，當下雨或下雪時，降水量可能比平時更高，導致洪水或嚴重的暴風雪。

溫暖的空氣會從水面與陸地吸收水分。隨著海洋上方的大氣變得更溫暖，它的溼度也會越來越高。這個更暖、更溼的海洋空氣，加上更暖的海水，會造成一個結果，那就是海洋風暴——包括颶風、氣旋與颱風——會變得更強大也更具破壞力。

溫度的升高也會改變噴射氣流（jet streams）的表現。這四種快速流動的氣流——南北極地區各一個，赤道的兩側也各一個——發生在寒冷的極地空氣與溫暖的熱帶空氣相遇的地方。它們通常將全球天氣系統由西向東推移，但它們也可以從正常的軌道上向南或向北歪斜或凸出。寒冷的北極地區溫度升高的速度比世界其他地區快得多，這可能會使北極噴射氣流減弱，而使它變得更像波浪狀。當這股極地噴流向南歪斜時，它會把寒冷的極地空氣與嚴酷的冬季天氣一起帶向南方；這解釋了為什麼在一個平均溫度越來越高的行星上，還是有某些地方會發生極端寒冷的天氣事件。

我們的地球正在變得越來越熱，有時這被稱為全球暖化，但是「氣候變遷」是一個更適切的術語，因為世界上並非每個地方都一直在變暖。所謂的地球溫度上升是指整體的平均值。

熱浪與風暴一直都在發生，氣旋、洪水與野火也是一樣。不過，現在我們知道氣候暖化正在助長極端的氣候條件（比如乾旱）與極端天氣（如超大型大風暴），氣候變遷使致命的、破壞性的自然事件更有可能發生。

但氣候變遷不僅僅是新的天氣紀錄或溫度計上的數字，全球暖化也給植物、動物與海洋等帶來許多更小的、難以察覺的變化。在本章中，你將看到科學家對於全球升溫及其後果已經有了怎樣的認識，他們仍在試著充分了解這些大大小小的變化，但這些變化將牽涉到我們所有人的生活，以及其他與我們共享地球的所有生命。

所謂的氣候破壞（climate disruption）——就是氣候變遷在世界各地破壞或打亂了事物原本的狀態，隨之而來的新環境條件可能具有巨大的破壞性。不過好消息是，我們知道是什麼造成了氣候變遷，因為我們擁有這些知識，所以我們也知道可以做些什麼來減緩或阻止氣候變遷。

今天的地球

無論你生活在世界上什麼地方，你跟今天的其他年輕人都有一些共同點。隨著你逐漸長大，你會看到氣候破壞不斷發生，而且越來越糟。

在二十世紀的期間裡，全世界陸地與海洋表面的平均溫度為華氏五十七度（攝氏十三．九度）。二〇二〇年年初，美國國家海洋暨大氣管理局（NOAA）的報告便指出，二〇一九年全球平均氣溫已經又升高了華氏一．七一度（攝氏〇．九五度）。

二〇一一年五月，一場龍捲風在密蘇里州喬普林（Joplin）留下了滿目瘡痍的景象。氣候變遷將可能會使這種極端天氣的災害更常見與更嚴重。

事實上，二〇一九年是地球有紀錄以來第二熱的年分，僅次於二〇一六年。二十一世紀正不斷創新高溫紀錄。有紀錄以來最熱的十個年分中，有九個發生在二〇〇五年之後，其中五個更是在二〇一五年之後。

如果在某個夏天午後，氣溫上升了不到華氏一・五度或攝氏一度，你可能根本不會注意到。那麼，如果地球在二〇一九年只變熱了這麼一點溫度，這真的是個大問題嗎？

確實是。

要提高地球的年平均表面溫度，哪怕只是提高一點點，都需要巨量的熱量，因為在能量能影響到表面溫度之前，海洋會先儲存大量的熱能。這就是為什麼平均表面溫度小幅度的上升，就代表儲存熱量的大幅增加。「這些超額的熱量，」美國國家海洋暨大氣管理局說，「正在推升區域性與季節性的極端氣溫，使積雪與海冰減少，強降雨增加，並造成動植物棲地範圍改變——一些擴大，另一些縮小。」

例如，格陵蘭是大西洋與北極海（Arctic Ocean）之間一個巨大的島嶼。它大部分被很厚的冰層所覆蓋。在二〇一九年夏天時，格陵蘭冰層曾在五天內損失五百五十億噸的水。這些冰融化之後，就流入大海。這些水足夠覆蓋佛羅里達州五英寸（十二・七公分）深！原本照科學家的預測，格陵蘭的冰層要到二〇七〇年才會以這樣的速度融化。氣溫微小的變化就能產生巨大的後果。

這就是真實上演的氣候變遷與氣候破壞，不僅如此——它在呼籲我們該採取氣候行動了。

在人類出現之前的氣候變遷——以及現在

氣候變遷是我們最大的挑戰，但這並不是新的事情，地球的氣候已經改變了很多次。比如說，大約兩萬年前，北半球大部分地區都覆蓋在冰層底下，我們稱那段時間為冰河時代，但那只是最近的地質時期中最近的一次冰河時代而已。

在過去兩百萬年裡，冰河在地球的北部地帶形成，然後融化；冰河就這樣一次又一次地前進和後退。由於這些巨大的冰河以冰的形態容納了地球上如此多的水，以至於在冰河達到頂峰時，海平面下降多達四百一十英尺（一百二十五公尺），然後隨著冰的融化，又再度上升。

更早時，在恐龍的時代，地球比今天要溫暖得多。從一億四千五百五十萬年前到六千五百五十萬年前之間，地球上幾乎沒有冰。化石證據顯示，溫暖氣候帶的植物與動物曾在極地地區繁衍生息。許多科學家認為，在更早的時候，大約六億三千五百萬年前，我們的星球曾經歷幾個「冰雪地球」或至少是「雪泥地球」的時期。那時的地球被冰與雪覆蓋，儘管赤道附近可能還有開闊的水域。

古氣候學（Paleoclimatology）——一門研究古代氣候的科學——對地球上過去氣候變遷的歷史做了探討。古氣候學家說，這些變遷大多是由地球軌道的微小變化引起的。這些變化改變了太陽能量分布在地球表面的方式。然而，一部分的氣候變遷可能是由地球上巨大的自然事件所引起的，例如持續數千年或甚至數百萬年的火山廣泛爆發的時代。除了創造現代世界的部分岩石與熔岩層以外，這些火山爆發讓大氣中充滿了氣體與粒子，而後者也減少了地球表面吸收到的熱能。

如果氣候變遷是我們地球歷史的一部分，那為什麼今天的氣溫上升會是緊急情況呢？

這次之所以不同，正是因為「我們」。

人類文明在最後一個冰河時代結束後開始蓬勃發展。關於我們生活的一切，都是建立在我們這個物種在過去一萬二千年的時間裡所認識的條件之上。這些條件現在正迅速改變中。跟上這些改變將是我們的文明所面臨過的最大挑戰。

但是今天的氣候危機跟古代的氣候變遷主要的區別在於，是「我們」正在造成今天這個危機。美國太空總署（National Aeronautics and Space Administration, NASA）的研究人員指出，目前的暖化趨勢，很大部分，甚至也許全部，都是人為的；「絕大部分極可能（機率百分之九十五以上）是自二十世紀中葉以來人類活動的結果。」

我們燃燒化石燃料、砍伐森林、飼養大量肉食牲畜——這些行為正以超乎自然的方式與速度改變大氣。我們的這些活動正在給大氣添加溫室氣體。

溫室是一種可以把熱量收集與保留起來的建築物，以便即使外面的天氣很冷，人們也可以在裡面種植花卉或水果。溫室氣體的工作方式就像一座溫室一樣，只是它的規模是整個地球。

很多從太陽抵達地球的熱能會從地球反射回太空。然而，大氣中的某些氣體會把一些熱量保留在行星表面附近，當這些氣體增加時，就有更多的熱被保留下來，氣溫就會上升。而這上升的氣溫又導致了乾旱、風暴、野火、融冰以及我們當前氣候危機的其他現象。

我們現代的生活方式不斷地把這些會積聚熱量的溫室氣體排放到空氣裡；這意味著，我們正在以前所未有的方式，不斷地使地球加熱。

你將在本書第四章裡看到人類活動、能源使用、溫室氣體以及氣候之間有怎樣的連結，不過你首先應該知道，如果我們在目前的路上持續走下去，誰會面臨最大的風險，然後你就會明白，為什麼這個危險時刻也是一個重大轉機的時刻。

壞消息是，我們得對氣候變遷負責；好消息呢，是我們還可以做點事情來挽救，我們已經有足夠的知識、工具和技術來完成了不起的事。

預測氣候的未來

科學家知道，有一些氣候破壞是無論我們做什麼都會發生的，因為已經開始的暖化不會在一夜之間停止。但我們也知道，如果我們不採取行動，氣候變遷還會更嚴重。因此，氣候科學家一直在努力尋找辦法來衡量我們對氣候的影響，或預測未來的氣候會是什麼狀況，以幫助我們決定，怎樣做才能把暖化維持在最低限度。

氣候科學家依賴兩件事：數據和工具。數據是堆積如山的資訊。長期以來，人們對溫度、風速與風向、降雨量、海洋中的鹽分濃度、冰河的體量等進行了測量。工具則是一些名為「氣候模型」的電腦程式；這些程式是為了模擬我們星球複雜的氣候系統而設計的。研究人員測試一個模型的方式，是讓模型重現過去的氣候演變，然後把計算結果跟歷史紀錄進行比較。接下來，他們對未來進行預測，以便告訴我們，我們能從氣候系統的特定變動中預期什麼樣的改變。

透過給模型輸入不同的數據，科學家們可以回答假設性的問題。如果人類開始減少溫室氣體排放，那會怎樣？如果人類開始排放更多，又會怎樣？在一個被給定的預測中，雲扮演怎樣的角色？如果野火造成的煙霧量年年增加，會發生什麼？

做模型試驗很有挑戰性，因為氣候系統是如此複雜。做模型實驗的電腦程式有許多種，工作方式也各自不同。此外，不是所有研究人員在這些程式裡都使用相同的數據組。這就是為什麼對氣候未來有各種不同的預測。當科學家蒐集到新的數據，或建立新的、更精確的模型時，預測也會改變。比如說，當研究顯示，海水暖化的速度比預期更快，或者格陵蘭的冰融化得更快時，這些資訊也會改變許多氣候預測。

另外還有兩件事可能影響氣候預測，那就是臨界點與反饋循環（feedback loop）。

臨界點

氣候並不會以穩定、平順的方式變遷。即使一直緩慢變化的狀況也可能突然間快速變動，這可能是因為條件已經達到所謂的臨界點。

你可以想像一下，當你慢慢地、穩定地朝一側傾斜，到了某一點，你就會直接跌倒；因為你已經到了臨界點。你接下來的橫向運動將是迅速的，並且可能給你帶來災難。而且一旦到達跌倒的點，你就無法讓自己返回直立的位置。

氣候變遷也是這樣。比如，二〇一四年美國太空總署與加州大學爾灣分校（University of California in Irvine）的科學家們公布了一些令人不安的消息。他們長期研究南極西部的冰層，這是覆蓋南極大陸的巨大冰棚的一部分。他們指出，在一個像法國那麼大的區域裡，冰河的融化現在「看來已不可阻擋」。原本緩慢流入大海的融冰水正在顯著加速，因為冰河入海處的海水正在變暖，並從冰河下方使它融化。

根據研究人員，此處的冰河融化可能已經到達一個臨界點，有可能標誌了南極西部冰層的終結。如果冰河繼續融化，如研究人員所預測的那樣，將使海平面上升約九．八到十六．四英尺（三至五公尺）。「這樣的事件將使全世界數百萬人流離失所，」其中一位科學家說。

雖然達到這樣的臨界點非常嚴重，但是等到冰層完全崩潰可能還需要幾個世紀的時間。即使我們已不能完全阻止災難，我們還是有時間使它延遲。要做到這一點，唯一辦法就是讓冰層融化與移動的速度變慢，這也就意味著要減慢地球暖化的速度。而唯一能實現這件事的方法，就是減少造成氣溫升高與全球暖化的溫室氣體的排放量。

反饋循環

氣候預測的另一個複雜之處是反饋循環。這個狀況是說，當一個過程使另一個過程加速或減慢，然後這第二個過程回過頭來使第一個過程加速或減慢，並如此循環下去。

比如海冰就是一個進行中的反饋循環。海冰漂浮在北極海和南極洲邊緣的水面上，氣溫升高導致其中一些冰在夏季融化。當冰融化時，原本被白冰覆蓋的面積，現在變成深色的海水。白冰會把太陽的熱量從地球表面反射出去，但是深色的海水則吸收熱量。因此，當暖化的趨勢使部分的冰融化時，反射熱量的冰就減少，而吸收熱量的開放水域就變大。這加劇了暖化的趨勢，冰於是融化得更快了。如果沒有別的事件打破這個循環，冰就會一直減少，直到海冰在夏天裡完全消失。

反饋作用也發生在永凍土上。永凍土是寒冷地帶（比如高山與極地地區）地表下終年凍結的土壤。永凍土包含過去有生命之物所留下的物質，例如植物殘骸與細菌。當氣溫升得夠高時，永凍土會開始解凍，那些曾有生命的物質開始腐爛，這會釋放甲烷與二氧化碳這兩種溫室氣體。讓更多的溫室氣體釋放到大氣中會加速暖化，因而使解凍加速……於是下一個反饋循環也開始啟動了。這使得建立氣候模型的難度變大，因為這類循環並不總是可以預測。

所有這些都意味著，氣候變遷是一個發展快速的研究領域，科學家必須持續開發新的、更準確的工具來收集數據與建立預測模型。你若想知道，假如我們什麼都不做，我們的氣候會發生什麼，以及我們能做哪些改變來產生更好的結果，那麼這些研究人員是很重要的訊息來源。

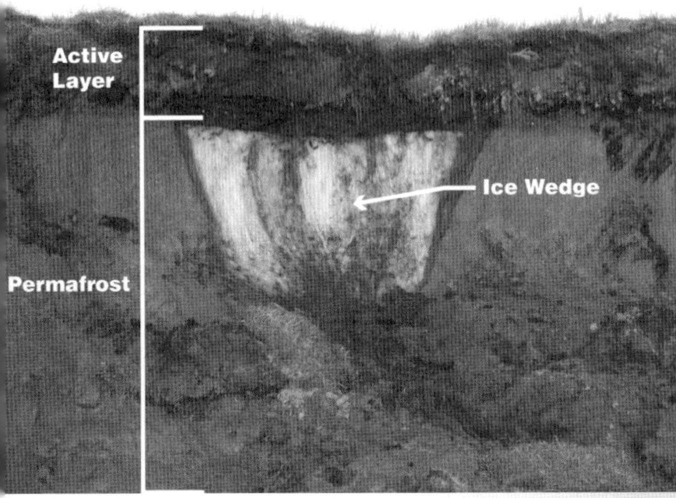

永凍土（上）是永久冰凍的土壤——但是當溫度上升，它就會解凍。

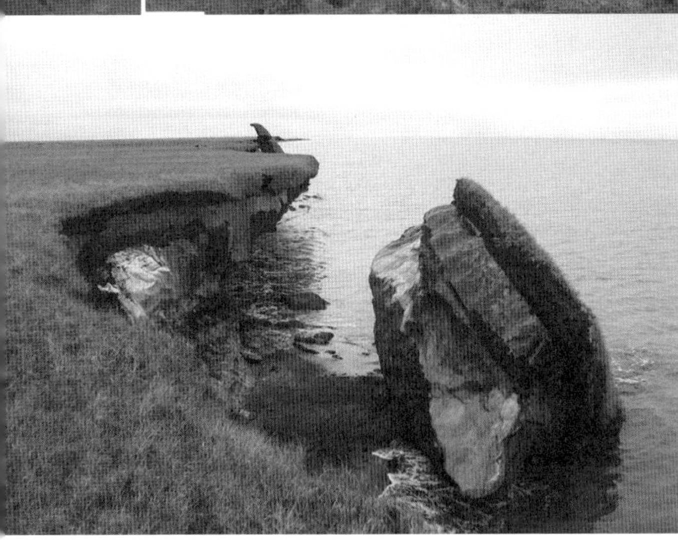

一塊已解凍的永凍土（右）崩裂並掉入海中。

明天的地球？

科學家的氣候模型可能會為未來提出一系列的可能性，但其中許多都是從過去同一個起點開始的。

那個起點是十九世紀晚期（大約一八八〇年前後）的世界平均溫度。科學家們以該點為基準衡量今天的溫度，然後預測未來將上升攝氏一．五（華氏二．七度）、攝氏二度（華氏三．六度）等等。

為什麼是這些數字？因為二〇一六年有將近兩百個國家簽署了巴黎協定（Paris Agreement），這是聯合國氣候變遷框架公約（the United Nations Framework Convention on Climate Change）的一部分。巴黎協定設定了一個溫室氣體減少排放的目標，以阻止全球氣溫比工業化前高出攝氏二度以上，但同時致力於把升溫的幅度控制在攝氏一．五度之下。人們相信，這些是有機會達成的最低目標。

攝氏一．五度跟攝氏二度的差別看起來很小，但其實差別非常大。二〇一八年九月，政府間氣候變遷專家委員會（Intergovernmental Panel on Climate Change，聯合國於一九八八年建立的一個大型國際團隊，目的在向全世界提供關於人為氣候變遷的科學資訊）發表了一份報告，報告中比較了全球暖化攝氏一．五度與攝氏二度的影響。兩者的差異非常巨大：

在上升攝氏二度時，比起上升攝氏一．五度的情況，每五年面臨一次嚴重熱浪風險的人會多出十七億人；海平面也會再高出四英寸（十公分）。因此，由於這些以及其他更多原因，升溫攝氏一．五度的目標比升溫攝氏二度好很多。

那麼，這個世界在達成此目標的方面上狀況如何呢？

在這本書寫作的當下，從十九世紀以來，這個世界已經上升了攝氏一度。記錄氣溫的世界氣象組織預測，到本世紀末為止，我們還會使世界的溫度上升攝氏三度（華氏五．四度）到攝氏五度（華氏九度）。而就像我們已經看到的，二〇一九年是有紀錄以來第二熱的一年。就在本書被完成之際，二〇二〇年有機會進入最熱的前五名。

不過，氣溫並不是衡量氣候變遷唯一的方法。二〇一九年十一月，美國國家海洋暨大氣管理局有一份報告顯示，自一八八〇年以來，全球海平面上升了八到九英寸

（二十一到二十四公分）。在二十世紀的大部分時間裡，海平面以每年〇・〇六英寸（一・四公釐）的速度上升。然而從二〇〇六到二〇一五年，海洋平均每年卻上升〇・一四英寸（三・六公釐）；這意味著，海洋正在加速上升，就像溫度在加速上升一樣。

為什麼是一八八〇年？衡量變化的基準

世界上大多數國家都簽署了巴黎協定；他們承諾，將努力把全球暖化控制在比工業化前水準高攝氏二度（華氏三・六度）之內——或者如果可能的話，更好是控制在上升攝氏一・五度（華氏二・七度）之內。但是這個「前工業化水準」是什麼意思？

巴黎協定並沒有準確界定「前工業化」的意思，但是概括地說，這個詞意味著「以化石燃料為動力的現代工業興起之前的全球溫度」。正如你將在第四章中看到的那樣，這種溫度上升是從一七七〇年左右開始的，因此衡量氣候變遷的理想基準應該是當時的全球溫度。

不幸的是，在一八五〇年之前，關於溫度的可靠測量紀錄非常少。雖然科學家可以用物理證據來估計早期溫度變化的範圍，比如透過樹木的年輪與冰芯——也就是從格陵蘭與南極這些地方的古代冰層中小心鑽鑿出來的長長的冰柱。他們也可以透過電腦模型，根據地球相對於太陽的位置、大氣中由火山噴發的火山灰與其他顆粒的數量等因素，來估算過去的溫度。但出於實用的理由，大多數氣候模型都使用一八五〇到一九〇〇年或一八八〇到一九〇〇年作為基線，因為人們是從這時候開始保存可靠的全球溫度紀錄。

未來必有一定程度的暖化是已經無法改變的事實，所以海平面將不會完全停止上升。最壞情況下，如果溫室氣體排放量保持在目前的水準，二一〇〇年的海平面將可能比二〇〇〇年高八・二英尺（二・五公尺）。這會把世界上低平海岸線上的廣大地區淹在水下，並摧毀數十個主要城市。這種情況將使數百萬人或甚至數十億人成為氣候難民；他們將不得不逃往其他城市或甚至其他國家找尋新的住處。

除非我們做出改變。

海洋暨大氣管理局預計，如果人類盡可能減少溫室氣體排放，以減緩全球暖化與冰層融化，二一〇〇年的全球海平面可能僅比二〇〇〇年高出一英尺（〇．三公尺），而不是八．二英尺（二．五公尺），這其間的差異非常巨大。這就是為什麼，當政治人物沒有採取必要作為來大幅減緩氣候變遷時，像格蕾塔．童貝里這樣的年輕人會感到如此沮喪。

然而，要把暖化控制在攝氏一．五度以內，就像是要讓一艘巨大的船掉頭一樣，並不容易。政府間氣候變遷專家委員會的研究報告指出，這意味著我們必須在二〇三〇年時把全球二氧化碳排放量減少將近一半，到二〇五〇年時再把全球排放量降到零。不只在一個國家如此，而是地球上的每個主要經濟體都要做到。

我們需要做些什麼才能減少這麼多的排放量？二氧化碳（CO_2）是對全球暖化貢獻最大的溫室氣體，當我們燃燒木材、煤、石油以及天然氣時，就會排放出二氧化碳。砍伐森林、駕車、搭飛機以及許多工業活動（例如使用由化石燃料發電廠生產的電力），也都會排放二氧化碳。

大氣中的二氧化碳已經遠遠超過安全水準，因此，要達成升溫攝氏一．五度的限制，就意味著必須從大氣中除去大量的二氧化碳。這可以透過二氧化碳的捕獲與儲存的技術來實現，但是這種技術也有它的限制，就像你將在本書第七章中看到的那樣。或者我們可以用老舊的辦法來達成，比如種植幾十億棵樹木與其他植物，這些樹能從大氣中吸取二氧化碳，並把氧氣釋放到大氣裡。儘管如此，光靠一種解決辦法是完全不夠的，根據政府間氣候變遷專家委員會的報告，為了達成我們的目標，我們需要迅速「在社會的所有方面上做出改變」。

我們的社會如何生產能源、如何栽種糧食、如何交通移動以及我們的建築物如何興建，這些都需要立刻改變作法。我們必須下定決心改變，例如我們可以用風力與太陽能等清潔的再生能源來取代化石燃料、打造電動高速鐵路路網來代替一部分的汽車駕駛與飛機搭乘，以及設計節能的房屋與辦公大樓來減少冷暖氣的能源需求……。

但是我們也要考慮到更深層次的變化，例如我們可以使用較少的能源，而不光只是換一個來源來使用能源。我們可以改善公共交通，或甚至使它免費，以減少人們駕駛汽車的里程數。而且因為我們所買的每件商品都代表了它在製造或運輸的每個環節上所消耗的能源（甚至是「綠色」商品），所以我們全都可以決定買少一點，消費少一點。

這是我們人類面臨的最大挑戰，我們能勝任這個挑戰嗎？

我們還有時間實現攝氏一・五度的目標，但前提是我們現在就要採取行動。

問題不只是熱

暖化並不是我們的地球面臨的唯一壓力。許多其他人類活動都在改變自然世界；你在關於熱帶雨林與海洋的自然紀錄片中看到的美麗豐饒的世界，都因為這些活動快速地改變面貌。

一個許多人不願面對的事實是，與我們共享地球的許多生命形態都已處於危機之中。這些生命正在失去棲地，因為人類正在填平溼地、開墾草原，使水受到化學物質與塑膠的汙染，並摧毀它們所居住的珊瑚礁。有些生物無法適應不斷上升的溫度，比如，有許多鳥類找不到季節性的食物，因為一些植物現在在鳥類還沒遷徙回來之前就開花了。另外，一些動物正因為被獵捕而走向滅絕。而且，因為人類才剛開始探索深海，許多物種將在我們知道它們存在之前就完全消失。

我們也在以駭人的速度砍伐森林。居民與公司都砍伐樹木作為燃料、生產紙張與其他產品，並為蓄養牛隻或栽種玉米、大豆和糖等經濟作物而開墾土地。

例如，東南亞的婆羅洲島上有大片森林因為棕櫚油的市場需求而遭到破壞；因為許多食品、維生素、美妝產品以及其他消費商品都需要用到棕櫚油。原本住著無數動植物物種的自然棲地，現在被成排的棕櫚樹所取代，只為了採收這種油。在其他地方，比如亞馬遜雨林的廣大地區，樹木被砍伐或人為焚燒，以騰出土地來放養牛隻。

氣候變遷又使這些糟糕的選擇產生更壞的影響。比如說，在因為氣候變遷而溫度上升的地方，許多對樹木有害的昆蟲大為繁殖，於是原本已受到人類砍伐威脅的森林，現在正以更快的速度趨於死亡。而且，當然，這又會造成一種暖化的反饋循環，因為當樹木死亡時，它們會停止從大氣中吸收二氧化碳。死亡的樹也比活著的樹更為乾燥，更容易著火。

然而，我們的行為並不只傷害地球、環境與和其他生物，同時也會傷害我們，而且這些傷害並不總是容易見到，因此更容易被忽視。一個例子是二氧化碳對我們糧食供應的影響。

科學家們發現，當大氣中二氧化碳濃度增加時，糧食作物的營養價值會隨著下降。

在實驗中，研究人員在露天的水稻與小麥耕地四周擺放了會添加二氧化碳到空氣裡的機器，結果這些作物的穀粒所含有的蛋白質、鐵、鋅與某些B群維他命低於正常的水準。

如果溫室氣體繼續增加，我們的糧食作物可能整體變得更不營養，因而使飢荒與疾病的問題更嚴重。更糟糕的是，如果氣候變遷以目前的路徑發展下去，高溫和乾旱也可能使大面積生產糧食的土地無法耕種。

我們所有人都可以在日常生活中做一點事情，來減緩氣候變遷，確保它不會發生。例如我們可以學習格蕾塔．童貝里，說服我們的家人放棄肉食跟飛機旅行。即使只是一星期有兩天不吃肉，或者每年少搭一次飛機，都是一個開始。但是，雖然我們個人的選擇會有影響，但是光靠個人並不能帶來我們需要的重大改變。如果我們想要造成重大改變，那麼政府、商業界與工業界——包括溫室氣體的主要來源——也都必須做出非常不同的選擇。

正是由於深知這一點，年輕的氣候運動者才走上街頭。這就是為什麼我們必須團結起來，讓我們的聲音被聽見：我們要告訴我們的政治領導者，我們對未來極度關切；我們要參與制定一條更好的前進道路。既然現在你已經知道那些氣候運動者所知道的，那麼這本書接下來將告訴你，你如何也可以參與行動。

因為當我們一起對氣候暖化說不的同時，我們也是在支持一個更公平與更平等的世界。

第三章

氣候與正義

不是每個人對於氣候變遷造成的影響都有相同程度的體驗。我們生活在一個種族、經濟與氣候不公正的世界裡；有些人擁有遠超過他們需要的東西，而其他許多人擁有的卻遠遠不夠。這一章將告訴你，這些不正義是怎麼開始的，它們通常如何彼此相關——以及，人們用哪些辦法試著來結束這些現象。

卡崔娜颶風：一場非自然災害

二〇〇五年八月，在卡崔娜颶風襲擊美國墨西哥灣海岸後，我去了路易斯安那州（Louisiana）的紐奧良（New Orleans）。在登陸路易斯安那州的前一天，卡崔娜有五級颶風的強度，也是當時墨西哥灣有測量紀錄以來的最強風暴。幸運的是，它在第二天減弱了，只以三級颶風的強度登上路易斯安那州海岸。儘管如此，卡崔娜挾帶的風、雨與巨浪還是肆虐了該州多處海岸地帶，並讓紐奧良——有一百三十萬人口的大都會區——淹沒在洪水之下。

幾個星期之後，我跟一個團隊前往紐奧良，拍攝這座仍然部分淹水的城市如何面

卡崔娜颶風把紐奧良變成了充滿倒塌電線桿和破片殘骸的障礙賽比賽場。

對風暴造成的破壞。照規定，每個人都得在傍晚六點前離開街道，但是當接近宵禁時間時，我們發現自己一直在繞圈圈，找不到正確的路。紅綠燈完全熄滅，一半的路標被吹倒或者歪向路邊。積水與各式殘骸使許多道路無法通行。

卡崔娜颶風這樣的事件通常被稱為自然災害，因為它們牽涉到自然界的事件：風暴、地震、洪水等。但是就跟氣候變遷的狀況一樣，我們在紐奧良見到的災害一點都不自然。雖然卡崔娜一開始時是個毀滅性的颶風，但是當抵達這座城市時，它已經喪失了大部分的威力，它不應該造成像現在這樣可怕的破壞。

問題出在哪裡？又一次地，問題出在**人為的決策**。

一個孱弱的城市

當卡崔娜颶風到來時，紐奧良的防洪系統沒有發揮作用。這座城市周圍有一系列的堤防可將城市本身與附近的密西西比河以及兩個大湖隔開。這些堤防是類似水壩的長形結構，本來應該在卡崔娜這類風暴中保護城市免於洪水的侵害；但是，儘管許多年來多次被示警，但堤防已經陷入失修狀態，而且負責維修的政府部門對問題置之不理。為什麼？因為堤防失修時，面臨最大風險的社區住的正好是那些沒有政治資本的貧困黑人。

因此，當卡崔娜颶風來襲，高漲的洪水跨越破損的堤防時，紐奧良巨大的貧富鴻溝突然出現在世界新聞裡。有錢的人開車出城，住進大飯店，並打電話給他們的保險公司。十二萬沒有汽車的紐奧良人則指望政府把他們從被洪水淹沒的城市裡救出來。由於等待很久也沒有人前來救援，他們就在屋頂上製作絕望的求救標誌，並把冰箱的門拆下來當小木筏。太多的人等不到救援，有一千多人因此喪生。

紐奧良陷入困境的景象震驚了全世界。許多人已經習慣於美國——作為地球上最富裕的國家——的醫療保健與學校資源分配不均，但是多半以為救災應該是另一回事。人們理所當然地相信，政府會在災難中救助所有人——至少一個富裕的國家應該要如此，但紐奧良的災難顯示並非如此。該市最窮困的居民絕大多數都是非裔美國人，他們大多都只能靠自己逃生。

他們盡其所能互相幫助，他們用獨木舟和手划艇互相拯救，他們清空冰箱互相提供食物，當食物與飲水耗盡時，他們從商店尋求補給。媒體把這些絕望的黑人市民描繪成「趁火打劫」，說他們很快就要入侵主要是白人居住的未淹水地區進行破壞。警方設立了檢查站，把黑人市民困在洪水區。警察曾一度見到黑人就開槍，後來又謊稱是因為後者對一名警察開槍，但其實黑人們並無武裝。白人義警帶著槍械進城，而且驕傲地宣布：「你們敢搶劫，我們就開火。」

當我到達那裡時，我親眼看到警察、士兵以及私人保全人員仍然多麼膽顫心驚。他們有許多人才剛從伊拉克跟阿富汗的戰地來到紐奧良，他們接到的命令彷彿是要把城裡的居民當作敵人，而不是當作需要他們幫助的人。即使是國民警衛隊（National Guard），當他們終於前來把人們撤出城外時，也常表現出不必要的攻擊性；他們用機槍對準正在登上巴士的人，他們把許多小孩與父母分開。

紐奧良的堤防之所以疏於維修，至少有一部分是因為那些堤防所保護的，大多都是有色人種的窮人。但是，堤防的疏於維修也是全國各地一個更大問題的一部分，即美國的基礎設施——也就是由美國政府興建與維護的公共建設，比如道路、橋梁、供水系統以及堤防——普遍都遭到忽視，這種忽視源自於美國政府看待公共責任的方式。

「把政府變小」

並不是每個人對於政府應該扮演什麼角色、應該影響公民的生活到什麼程度，都有相同的看法。幾十年來，世界上許多經濟與政治的決策都是由三個原則所決定的，這三個原則互相關聯，而且目的都在限縮政府的角色。這三個原則加總起來，有時候被稱為新自由主義（neoliberalism）。

第一個原則是鬆綁管制，或者把限制私人銀行與產業獲利的規範與條例加以取消。第二個原則是私有化，這意味著把本來由政府支付與運作的服務——包括學校和高速公路——轉交給營利性質的公司。第三個原則是追求低賦稅，尤其是對大企業與有錢人來說。如果沒有從稅收獲得的錢，政府用於基礎建設的支出就會減少，這也是紐奧良堤防被荒廢的部分原因。

這些原則都來自於一個基本理念，就是企業應該盡可能不受限制，以便它們能夠成長、賣出更多產品、賺取更多利潤，也創造更多工作。這個基本理念還要求，政府的運作應該更像企業一樣，而在較小的程度上去保證人們的基本需求得到滿足。

早在卡崔娜颶風發生之前，這種「限縮政府」的觀點就一直與「公共利益」的理念構成直接的衝突——後者相信，做一些支持與有利於社會中「所有人」的事情，本身是有價值的，即使沒有利潤可言。我們相信，我們所有人都有同等的權利過體面的生活，包括享有公園、良好的國民教育、維護良好的基礎設施等等，但是「限縮政府」的願景就是要推翻這個信念。現今政府部門對公共利益的支持越來越弱；這解釋了為什麼紐奧良的堤防在卡崔娜颶風登陸的時候如此接近崩潰點。

然而因為這種願景而毀敗的，並不只有有形的基礎建設。救災的人力系統也是如此。

美國各級政府都有救災單位；它們的職責是在災難來臨時，幫助人們撤離災區，並提供避難所、醫療照顧以及其他援助。聯邦緊急事務管理局（Federal Emergency Management Agency, FEMA）在國家層級上監督這些工作。卡崔娜颶風過後，聯邦緊急事務管理局嚴重背棄了那些被困在紐奧良洪水中的人們。

有兩萬三千人在一間稱為「超級巨蛋」（Superdome）的體育場裡緊急避難，而管理局過了五天才把食物和飲水送到。關於巨蛋內慘狀的報導震驚了世界。聯邦緊急事務管理局在紐奧良失敗的原因之一是，該機構的許多官員很少或根本沒有處置災難的經驗，他們是因為政黨忠誠才獲得那些職位。此外，為了讓政府的運作更像企業，部分作為是把管理局內有多年經驗的人加以裁撤，並換上資淺且經驗較少的新人。

聯邦緊急事務管理局失敗的另一個原因是，該機構並沒有儲備足夠的救災物資。同樣的事情後來也發生在二〇二〇年，當全國的醫院迫切需要個人防護配備來對抗冠狀病毒危機時，倉庫的架上卻空空如也；這顯示了聯邦政府準備工作的不足，以及把醫療照護與醫院體系建立在利潤極大化的基礎上會有什麼問題。在這種體系裡，一張空的病床或一個有充分庫存的倉庫會被視為經營的失敗，因為那代表有設備沒在賺錢或者有的錢已被花掉。病床與物資儲備本來是合理的災難準備，但是由於這個體系有賺錢的壓力而且不能多花錢，因此這類準備工作並沒有被執行，而當災難來臨時，就無法及時發揮作用。

在二〇〇五年的紐奧良，市長等當地領導者遲遲不下達把民眾撤出城市的命令，也沒能對緊急避難所提供食物、飲水與醫療用品，因而使問題更為嚴重。聯邦與地方官員沒有投入足夠的努力與金錢來確保公共利益，進一步惡化了嚴重風暴帶來的災難。

幾個星期以來，紐奧良被洪水淹沒的街道讓人們注意到，這些經濟政策使卡崔娜颶風的損害超過了原本應該發生的程度——這是一場緊接在氣候災難之後發生的人為災難。但是，儘管我對淹水期間所見到的景象感到震驚，但接下來發生的事情更讓我驚駭不已。

窮人受害最快也最重

在卡崔娜颶風水淹紐奧良之後，各大公司及其代表抓住機會，靠這場悲劇大賺其錢。許多家庭逃出或被撤出紐奧良，最後分散到全國各地。一位「小政府」學派的重要經濟學家表示，既然小學生被打散了，這是一個「澈底改革教育體制的機會」。他所謂的改革就是私有化，他呼籲把紐奧良的公立學校以私立學校的型態重啟。在這種情況下，一些學校可能不再是免費的，或者可能有另一套公立學校不同的課程標準。

一位路易斯安那州的共和黨議員事後說，「我們終於清理了紐奧良的公共住宅」，並認為這些貧窮社區被摧毀，是上帝的旨意。但是社區的破壞，有一部分是人為的，而不是颶風造成的。在風暴後的幾個月裡，由於紐奧良的窮人與黑人居民都已撤出，官員們樂得輕鬆，並不積極幫助他們返回家園。另一方面，數以千計的公共住宅單位——那些流離失所的人原本的住處——卻被摧毀了，而且不全是風暴造成的。這些建築物有許多都位在地勢較高的地區，幾乎沒有受到卡崔娜颶風的影響。把這些建物「清理」掉的，並不是風暴本身，而是拆除大隊。取而代之的是高級公寓與新式住宅，這些新房子對於大多數風暴前原本的居住者都太貴了，卻讓蓋這些房子的開發商賺了大錢。

在這座城市仍然滿目瘡痍的同時，這類計畫不斷出現在大企業的願望清單上。這些計畫據說是為了重建這座城市，但是這些公司並沒有幫助那些在災難中受害的人，也沒有修復未來可以保護他們的基礎建設，而是推動一些改變，以削弱勞動法、環境法規以及公立學校的功能。那他們強化了什麼呢？他們強化了石油與天然氣公司、房地產，以及其他商業利益。這是因為，公司與企業存在的主要目的，就是為了獲利。從商業的角度來看，即使是災難也可以是賺錢的機會。

這種靠卡崔娜颶風的「復原工作」賺錢的作法，造成了更多不正義。許多蜂擁而來的私人公司與承包商只想從災難中獲利；他們收受了政府的大筆款項，但是提供的服務卻很糟糕，有時甚至什麼服務都沒提供。他們之所以能這麼做，是因為政府幾乎沒有監管資金的使用或去向。（當你不斷把政府變小，就會發生這種事。）

一家公司收了政府五百二十萬美元，負責為緊急救難人員建造一個基地營；這是一件至關重要的工作，但是這個基地營卻從未完成。拿到政府合約的那間公司，後來被發現原來是一個宗教團體，公司負責人承認，「我做過的最接近的事，就是跟我的教會一起組織一個青少年營隊。」

在悲劇發生後，政府本來可以做一些事來協助城市的重建，並幫助當地人恢復原本的生活；政府甚至可以要求承包商用體面的工資僱用當地人，但是官員們並沒有這麼做。相反地，當地人不得不眼睜睜地看著承包商帶著工資過低的工人——當中許多是移工——來做為承包商賺取財富的工作。更糟的是，在工作完成後，許多移工就面臨被遣送出境的命運。

在卡崔娜颶風摧毀他們的住房、工作和社區之前，紐奧良的窮人本來就處於社會經濟的劣勢，現在颶風又使他們的情況變得更為糟糕。在災後的救濟與重建期間，正確的救助本來多少可以消除這些不平等，但是相反的狀況卻發生了。風暴後幾個月，國會決定從聯邦預算中削減四百億美元，以彌補政府透過合約以及減稅的方式支付給私人公司的數百億美元。國會裁減了哪些預算？學生貸款、食物券、貧困者醫療福利，以及其他許多。

在卡崔娜颶風之後，美國的大承包商取得暴利，最貧困的國民卻為此支付了不只一次代價；這是氣候不正義的重大案例。當災難對他們的社區──相對於城市其他地區──造成更重大的衝擊時，他們已經付出了昂貴的代價。然後，當救災的款項變成給私人公司的補貼時，他們又付了一次代價。最後，當少數對全國失業者與勞動貧窮者提供直接援助的項目又被裁減，以便彌補上述補貼的財政損失時，他們再度付出代價。

卡崔娜颶風讓我們看到，我們當前的經濟體制是用什麼態度對待災難，以及其他比如戰爭等極端事件。這就是「災難資本主義」──富人與權勢者利用災難的衝擊，使現有的不平等更加嚴重，而不是改正它們。富人與權勢者把這些悲劇當成掌握控制權的機會，以便往特定方向推動改變，讓銀行、產業界、有權勢的政治人物──而非普通人──獲得利益。

災難確實是改變的機會，因為正常的生活被打斷了。在緊急狀態下，一般的法律與慣例可能停止適用，人們因災難而感到絕望和不確定，他們可能因為太過關心存活或康復的問題，以至於無法專注於更高的議題，比如政府正在做什麼，誰會從中得利等等。

在氣候變遷的時代，隨著自然災害越來越頻繁，這種深刻不公平的模式在每一場風暴、洪水與野火之後不斷重演。在氣候變遷造成的所有危害中，這種模式同樣可以被清楚看到。弱勢群體——窮人、有色人種以及原住民族——總是最先受到損害，程度往往也最重。

這就是為什麼，阻止氣候變遷的運動，也必定是一場爭取社會正義與經濟正義的運動。這也是為什麼，我們必須學習把災難變成轉機，為所有人——而非只為少數人——創造出「正面的」改變。我們必須停止讓每一次危機都被商業利益所利用；商業利益對氣候變遷的貢獻是最大的，因為這種因應災難的方式會造成一種危險的反饋循環。我們的努力以及政府的支出應該要直接用於幫助受害的人，讓人們重新燃起從前對公共利益的強大信賴。

「為什麼不試著幫忙？」

在二十一歲時，伊莉莎白．萬吉露．瓦圖提（Elizabeth Wanjiru Wathuti）在東非的肯亞發起了一場對抗氣候變遷與經濟不正義的運動。她實現這個目標的工具是鏟子與樹苗——還有她所鼓舞的年輕人。

「我對環境充滿熱情，因為我很幸運能在小時候接觸到自然；而且就我記憶所及，每次我看到環境不正義時，都會被激怒，比如人們砍伐樹木、汙染我們的河流，」她對環保團體綠色和平組織說。「所以我想，我為什麼不試著幫其他年輕人更加關心環境呢？」

瓦圖提在肯亞的森林地帶長大。七歲時，她在那裡種了一棵樹，那是她第一次參與氣候運動，但那沒有成為她的最後一次。她受到另一位肯亞女性萬嘉莉．馬泰伊（Wangari Maathai, 1940-2011）的啟發：馬泰伊發起了綠帶運動（Green Belt Movement），向肯亞女性宣導種植樹木的好處，以保護她們的家園、學校與教堂。綠帶運動在其他國家引發了類似的運動；而馬泰伊協助婦女們在整個非洲種植了大約兩千萬棵樹。她最後由於這項工作獲得了諾貝爾和平獎。現在瓦圖提繼承了這個種樹的傳統；她的重點在幫助兒童成為環保運動者。

二〇一六年，瓦圖提創立了綠色世代倡議組織（Green Generation Initiative），以幫助孩童們珍惜與種植樹木。三年不到，她的組織已種下了三萬多棵樹。瓦圖提在二〇一九年很高興地報告說，這些樹木中有百分之九十九以上存活了下來。

靠著她的四十名年輕志願者的團隊，瓦圖提的綠色世代倡議組織已經與超過兩萬名的學童合作。她的成功展示了，「像你這樣的孩子，在有機會採取積極行動時，可以發揮出怎樣的力量。」種一棵樹雖然是簡單的行動，但卻可以發展成一場革命運動。

「我嚮往這樣一個世界：我們所有人都能與自然和諧相處，不對地球造成傷害，」瓦圖提說。「在這樣的世界裡，每個人都很在乎自己將給後代子孫留下一個怎樣的地球，而人與地球也都被置於利益上。」

北夏安的新能源

在看到卡崔娜颶風對紐奧良的衝擊五年之後，我在蒙大拿州東南部的北夏安保留地（Northern Cheyenne Reservation）見證了對氣候變遷與氣候不正義的另一種回應。當我第一次訪問保留地時，社區籠罩在一片烏雲之下，不過這片烏雲不是天氣問題，而是關於煤礦的爭議。

煤礦的威脅

這個地區起伏的山丘上除了點綴著牛群、馬群，還有引人注目的砂岩露頭——許多山丘底下蘊藏著大量煤礦。煤礦業者希望能開採北夏安保留地底下以及附近地區的煤礦。他們打算開一條鐵路來把煤炭運出去，以送往中國與世界其他地方。然而，這個礦場與鐵路可能危及一個重要水源——唐河（Tongue River）——的安全。此外，鐵路可能影響夏安的原住民墓地。

自一九七〇年代以來，北夏安人一直在對採礦公司進行抗爭。但在二〇一〇年，這個地區陷入一場對化石燃料的狂熱之中。當時，美國將近一半的電力是來自燃燒煤炭，煤礦產業也熱衷於把這種燃料出口到其他國家。全世界的煤炭需求預計將在短短二十年內成長百分之五十以上。

當時沒人知道，北夏安社區中反煤的聲音還能抵抗這些煤礦公司多久，反煤派在國有土地委員會（State Land Board）上剛輸掉一次關於新礦場的重要投票。這座礦場將開在緊鄰北夏安保留地的奧特溪（Otter Creek）旁；它也是美國規劃中規模最大的新煤礦。

在輸掉對該礦場的投票後，運動者把注意力轉到反對唐河鐵路上。沒有新鐵路，煤炭就沒有運送出去的可能——這就代表開設新礦場將毫無意義。然而夏安人並沒有團結起來反對鐵路，當時看起來，鐵路與礦場都能順利進行。

「太多的事情在進行中，人們不知道該抗爭哪一個，」愛莉西絲·博諾戈夫斯基（Alexis Bonogofsky）對我說。她當時是在國家野生動物聯盟（National Wildlife Federation）工作，支持原住民部落伸張他們保護土地、空氣與水的合法權利。她與北夏安人密切合作；北夏安人在用法律保護土地方面有輝煌的歷史。

幾十年前，北夏安人曾主張：他們有權以傳統的方式生活——這是由他們與美國簽訂的條約所保證的——而這包括有權呼吸乾淨的空氣。聯邦環境保護署（EPA）同意了他們的主張。一九七七年，環境保護署給予北夏安保留地最高等級的空氣品質標示，這使該部落把可能汙染他們空氣品質的開發計畫告上法庭。部落主張，即使是遠在懷俄明州的汙染也侵害了他們的條約權利，因為那些汙染能擴散到保留地，可能破壞他們的空氣品質與水質。

但事實顯示，這次奧特溪礦山與唐河鐵路更難對付。壓力不只來自煤礦業者，同樣也來自部落內部。北夏安最近選出了一位前煤礦業者為部落首長，他堅決想把保留地對煤礦公司開放，讓後者開發——或說取走——北夏安人的資源。

也有一些北夏安人受到這個採礦計畫的誘惑。族人社群現在非常需要錢，失業率也很高。貧窮與藥物濫用在保留地非常普遍。當礦業公司進來，並承諾會給新的社會福利計畫提供工作與資金時，陷入絕望的族人很願意傾聽。

「很多人說……如果我們接受這個計畫並執行下去，我們就能有好的學校、好的廢棄物處理系統，」夏琳．阿爾登（Charlene Alden）說——她是部落的環境保護辦公室主任，一個強悍且永不疲倦的人。要在族人之中找到願意公開反對煤礦開採的聲音越來越難。她擔心，如果為了煤礦而犧牲部落土地的健康，會使夏安人離開他們的文化與傳統越來越遠。最後，這可能造成更多的抑鬱與藥物濫用，而不是更少。

「在夏安話裡，『水』這個字跟『生命』是同一個字，」阿爾登解釋說，「我們知道，如果我們接觸太多煤炭，是會毀壞生命的。」

而生命已經開始被毀壞了。保留地中許多房屋都是在一九四〇與一九五〇年代用政府提供的簡易材料建造的，這種房屋留不住暖氣。在寒冷的冬季裡，人們在家中把暖氣開到最高，但是熱卻從牆壁、窗戶與門的縫隙中散逸出去。平均來說，人們每個月為暖氣支付四百美元，使用的是兩種化石燃料的其中之一，煤或丙烷——一種天然氣。但也有些人每月支付的費用甚至超過一千美元。更糟糕的是，化石燃料能源使氣候危機更為嚴重——氣候危機已經使這個地區飽受長期乾旱與大規模野火的襲擊。

因此，阿爾登認為打開死結的唯一方法，就是向下一代的夏安領導者指出另一條擺脫貧困與絕望的道路，而且這條路不會讓他們失去祖先的土地。這有很多可能性，其中一個跟稻草有關。

幾年前，有一個非營利組織來到保留地，蓋了幾間樣品屋。房屋的建材是稻草包；這是一種古老的方法，可以使建築物冬天溫暖、夏天涼爽。阿爾登說，住這種房子的家庭支付的暖氣費用「每個月是十九美元而非四百美元」。

但是為什麼部落要靠外地人來建造以原住民知識為基礎的房屋？為什麼不直接訓練部落的人來設計與建造這樣的房屋，並找資金在整個保留地實現這個構想呢？以後也可能出現綠建築的熱潮，受過訓練的建造者可以到其他地方去運用他們的技能，如此將有更多的房屋可以在不破壞土地的情況下被建造出來。

但是這樣的計畫需要資金，而這是北夏安人所沒有的。人們曾希望巴拉克．歐巴馬（Barack Obama）總統會對弱勢社區挹注更多經費，以創造更多綠色或對環境友善的工作。這本來可以同時對抗氣候變遷與貧困，但是二〇〇八年在美國發生經濟危機後，這些計畫中的大部分都無以為繼。儘管如此，愛莉西絲．博諾戈夫斯基與夏琳．阿爾登仍想要告訴北夏安人，他們還有煤炭以外的其他可能性。於是她們開始積極進行。

在我第一次拜訪保留地的一年之後，博諾戈夫斯基女士打電話告訴我，她和阿爾登從環境保護署以及國家野生動物聯盟那裡湊到了一些錢，他們正在發起一個令人興奮的新計畫——太陽能加熱器。我會想回到蒙大拿州去看一下，並加以報導嗎？

那是當然。

陽光的承諾

我再度走訪保留地的旅程跟第一次非常不同，無論是天氣還是心情。這次是春天，小小的黃色野花與鮮綠的草地覆蓋著和緩的山丘。有十五個人聚集在一間房子前的草皮上，他們是前來學習：如何用一個主要由深色玻璃製成的簡單盒子來收集足以讓整間房子保持溫暖的熱量。

他們的老師是拉科塔族（Lakota）的亨利・紅雲（Henry Red Cloud）。他已經造出他的第一部風力渦輪機；這是一種利用風能發電的機器，零組件是取自一輛生鏽的卡車。後來，他因為把風能與太陽能帶到南達科塔州（South Dakota）的松樹嶺保留地（Pine Ridge Reservation）而獲獎。

現在他來這裡教這些北夏安的年輕人，如何在他們保留地的房屋上安裝太陽能加熱

亨利．紅雲（中）與他的太陽能戰士在安裝太陽能板；這是邁向綠色、再生能源與環境正義的一步。

器。這些加熱器每台價值兩千美元，現在靠著博諾戈夫斯基與阿爾登籌募的資金，可以免費安裝。這些設備將使保留地的房屋暖氣成本減少一半。

紅雲把他關於太陽能加熱器的技術課程與「太陽能始終是當地人生活的一部分」的想法結合在一起……太陽與我們的文化、我們的儀式、我們的語言、我們的歌曲都有緊密的關係。他對學員們示範如何使用一種叫做「太陽能探路器」的工具，以找到太陽在一年中的每一天照射到房子每一側的位置，因為太陽能箱每天至少需要六個小時的陽光才能正常工作。對於一些太靠近樹木或山邊，因而無法使用太陽能箱子的房屋，紅雲推斷，或許可以用太陽能屋頂來替代，或者使用其他再生能源。

最後安裝太陽能加熱器的一棟房屋是在瘸鹿鎮（Lame Deer）——保留地中央的小鎮——市中心一條繁忙的街道上。當紅雲的學生們在測量、鑽孔與打釘子的時候，引起了一旁人群的注意。孩子們圍上來看他們工作，有幾個老婦人問他們在做什麼。「電費可以打對折？」她們問，「我也可以裝一個嗎？」

紅雲露出微笑，這就是他在原住民土地上推動太陽能革命的方式——不是告訴別人他們該做什麼，而是透過親自動手，讓他們看到自己可以做什麼。這些最初的學生當中，有好幾位繼續接受紅雲的訓練，也有其他人加入。他對他們說，他並不只是教他們成為技術人員，而是也要他們成為「太陽能戰士」，要為一種懂得對地球感恩與敬重的生活方式而奮鬥。

在後來的幾個月以至於幾年中，反對奧特溪礦場與唐河運煤鐵路的抗爭運動重新有了生機。突然之間，抗議活動不再缺乏夏安人的參與。他們要求與政府官員會面，並在聽證會上發表激昂的演說。紅雲的太陽能戰士坐在最醒目的位置，穿著印有「淘汰煤炭」的紅色T恤。

瓦妮莎・辮子（Vanessa Braided Hair）是紅雲最優秀的學生之一，也是一名義勇消防隊員。二〇一二年夏天，她參與對抗過一場野火：那場火災摧毀了超過九十平方英里（二百三十平方公里）的土地。僅僅在北夏安保留地，就有十九間房屋被摧毀。

所以辮子不需要任何人告訴她，我們正處於氣候危機中；她已經親眼見到了。她很高興有機會成為氣候變遷解決方案的一部分，但是除此以外，她還有一個更根本的理由。正如紅雲所說，太陽能符合她從小到大的世界觀，「你不要拿了又拿，拿了又拿……你拿你需要的，然後把它放回土地裡」，她說。

紅雲的另一個學生——盧卡斯・金（Lucas King），也在關於奧特溪的聽證會上對煤礦公司代表發言。「這裡是夏安人的地方，這個地方已經存在很長的時間，比任何美元存在的時間都更久……不管你必須向誰報告，請回去告訴他們，我們不要（煤礦開採）。這不適合我們，謝謝你。」

太陽能戰士與其他夏安人不斷抵制鐵路和採礦計畫，保留地以外的人們也是如此。蒙大拿大學的學生們發起了一個他們稱之為「藍天行動」的計畫，幫助在已建成的鐵路路段上的社區進行抗議活動。學生們知道，在許多這樣的小城鎮裡，運煤的火車穿過窮人的社區，煤灰與柴油的煙霧讓他們難以呼吸。藍天行動舉辦抗議活動，組織示威遊行，並到市議會上要求政府採取行動，以反對已有的與新規劃的鐵路路段以及化石燃料的開發案。

二〇一二年八月，他們在州議會大廈的台階上坐了五天，抗議州政府把土地租賃給石油公司。兩年後，來自蒙大拿州十幾個社區的一千五百人在全州各地舉辦了清潔能源行動日的活動。二〇一五年，當北夏安部落會議就唐河鐵路進行投票時，沒有一票支持這條鐵路。

由於草根運動擋住了鐵路，奧特溪將不會有新煤礦了。事實上，也有更大的力量在阻擋這座煤礦。煤炭被視為能源巨星的時代已經接近尾聲，隨著越來越多人意識到煤炭的問題，包括礦坑工作的危險性、礦業汙染以及溫室氣體的排放，煤炭市場開始失去魅力，取而代之對清潔、綠色、再生能源的需求越來越高。美國的煤礦開始關閉，新煤礦的計畫也落空。二〇一六年初，推動奧特溪煤礦與唐河鐵路的公司破產了。

綠色與再生能源對我們所有人來說，都遠比化石燃料更好。而再生能源的建設計畫也是一個契機，許多原住民仍然受到的不公平對待，可以藉此獲得改正。這意味著，我們要在當地土著民族的積極參與和同意下推動這些計畫，並為他們謀福利。與紐奧良居民不同——他們在卡崔娜颶風後的重建工作中得不到僱用——原住民必須參與在他們的土地上推動的計畫，就像紅雲的太陽能箱一樣，這樣技能、工作與金錢才會流向他們的社區。

夏安人讓我們看到，從開採煤礦轉為建造風力與太陽能發電廠，並不只是按一個開關，把骯髒的地下電力切換成乾淨的地上電力，而是也可以改正過去的不正義。綠色能源的革命要成功，最佳途徑是提高社群的參與，而不只是仰賴大企業，也就是你得建立一支太陽能戰士的隊伍。

被犧牲的地區

燃燒化石燃料是氣候變遷最大的驅動力量。事實上，即便化石燃料不會造成地球升溫，我們仍然值得改用清潔的再生能源，就像北夏安保留地使用太陽能加熱器那樣，因為只要有化石燃料開採、加工、運輸以及燃燒的地方，附近的居民都知道，這些燃料對人和地球都是不健康的。

仰賴化石燃料來為我們的生活提供電力，就意味著有一些人與地方要犧牲。為了開採這些燃料，這些人原本健康的肺和身體在惡劣的空氣與危險的礦場工作中，必定會被犧牲掉。他們的土地與水也會承受開礦、鑽探與漏油事件的損害。

約在五十年前，為美國政府提供諮詢的科學家提出了「國家犧牲區」的可能性，有些人開始說，為了整個國家的利益，讓某些人和地區遭受傷害有其必要；阿帕拉契就是一個這樣的地區。這是美國東部的一個地區，從喬治亞州與阿拉巴馬州的北部一直延伸到紐約州南部。

長期以來，阿帕拉契以兩件事聞名：美麗的山景及煤礦。現在，在該地區的太多地方，前者很大程度都為了後者而被犧牲掉了。採礦公司炸掉整座山頂，有時甚至使整個城鎮遷移他處。他們把廢棄物傾倒在山谷與溪流中，只因為這種採礦方式比地底挖掘更便宜。

如果一個政府或社會願意用這種方式犧牲整個區域和社區，那麼它一定認為這些人在某種程度上是與別人不同的，且比其他國民更沒有價值。人們對這些地區辛苦工作的人形成刻板印象，認為他們多少比不上其他人，然後這些刻板印象就成為不保護這些社區免於受災的藉口。這就是發生在紐奧良黑人居民身上的事情，不論是在卡崔娜颶風之前還是之後。同樣的事也發生在阿帕拉契地區。那裡出身的人一直被侮辱性地稱為「山地佬」（hillbillies）。刻板印象把他們刻劃成沒知識、愛喝酒以及沒有法律觀念的人。這種刻板印象有一個攸關利益的目的：一旦有人把你定義為「山地佬」，誰還會在乎保護你的山區？

這種情況也發生在城市裡。北美的發電廠和煉油廠會製造噪音和汙染；這些設施絕大多數都位於黑人與拉美人的社區旁邊。公司把廠設在那裡，因為他們認為窮人不會有政治經濟的力量來要求更好的待遇——這跟較富裕的地區不一樣；富裕地區經常得到政治人物的關注，因為住在那裡的人能負擔政治捐獻，也能僱用遊說團體在州政府和華盛頓特區追求他們的利益。這種權力上的不平等正好說明，為什麼我們經濟對化石燃料的依賴所產生的有毒後果，都是有色人種來承擔；這就是所謂的**環境種族歧視**。

在很長一段時間裡，世界上的犧牲區有一些共同點——那都是窮人居住的地方，也是偏僻的地方。住在這些地方的人通常由於種族、語言或社會階層的緣故，只有很少或完全沒有政治權力，而且他們也清楚自己已經被忽視。

但是現在犧牲區越變越大了。煤炭可能即將耗竭，但是我們對能源的胃口已促使油礦公司找到新的辦法來從地球上擷取石油與天然氣。其中一種方法是水力壓裂法（hydraulic fracturing），簡稱為壓裂法（fracking）：先用高壓把液體壓到地底下，使岩石碎裂或斷裂，然後，被封在岩石中的天然氣或石油就可以被抽取出來。儘管壓裂法有洩漏、火災、水汙染以及使地層不穩定的危險，但是如果燃料的價格有利可圖，大公司們認為這種犧牲是划算的。

透過壓裂法與其他新技術，石油業者已經開始在一些原本太困難和昂貴的地方抽取化石燃料。比如說，現在要開採在深海底下或混合在頁岩與沙床中的石油和天然氣已變得更為可行。這些新技術給化石燃料創造了巨大的榮景，結果使溫室氣體的問題換一種新方式持續下去。

而且所有這些燃料都有運輸問題。光是在美國，從二〇〇八年到二〇一四年的期間，載運石油的鐵路車廂就從九千五百輛增加到將近五十萬輛。光在二〇一三年這一年，從美國火車上洩漏的石油就比之前四十年的總和還要多。隨著油價下跌，更多的石油轉為經過管線運輸之後，美國現在用火車運輸的石油減少了，但是仍然有數百萬人生活在維護不善的火車運油的路線上，這些都是「石油炸彈」。二〇一三年七月，一列裝滿石油，有七十二節油廂的火車在加拿大魁北克省發生了爆炸。結果，一個小鎮拉克美貢提克（Lac-Mégantic）有一半市中心被夷為平地，事件造成四十七人死亡。

《華爾街日報》二〇一三年的一項調查發現，有超過一千五百萬美國人居住在近期被鑽探或壓裂的油井一英里的範圍內——這種油井有可能發生石油或天然氣洩漏或造成火災。「能源公司在教堂的土地上、學校的場地上以及有門禁的開發區裡用壓裂法開鑿了油井，」記者蘇珊娜·高登伯格（Suzanne Goldenberg）在另一份報紙《衛報》上寫道。

二〇一九年，唐納德·川普總統的政府表示，他將允許在美國一些國家公園的邊界上進行壓裂開採——這是石油公司長期以來的夢想。在英國，正在考慮進行壓裂開採的地區加起來約占整個英格蘭島的一半。

看起來，只要可以開採化石燃料，似乎沒有一個地方可以免於被犧牲。我們的犧牲區正變得越來越大。正如你所知道的，從地底開採煤礦、石油與天然氣所造成的汙染、浪費與破壞，只是問題的一部分；另一部分是，這些燃料最終會被燃燒，並釋放溫室氣體進入地球的大氣層。這些氣體正在推動氣候變遷，而氣候變遷又威脅到世界上每個人與每個地方。

我們現在全都在犧牲區裡了，除非我們團結起來，並發出反對的聲音。

氣候的殘酷

當第一次全球學校氣候罷課來到紐西蘭基督城（Christchurch）時，各年齡段的孩子們在中午時湧出了學校。就像在紐約以及世界上其他幾十個城市一樣，這些年輕人一邊揮舞著標語，一邊匯集到更大的隊伍裡。中午剛過不久，他們當中有兩千人聚集在市中心的一個廣場上，聆聽演講和音樂。

「我為整個基督城感到驕傲。所有這些人是如此勇敢。上街抗議不是那麼容易，」米雅．薩瑟蘭（Mia Sutherland）告訴我。她十七歲，是罷課的組織者之一。

薩瑟蘭說，最高潮的時刻，是全體學生唱起了罷課的戰歌「起義」（Rise Up）。這首歌是由十二歲的露西．格雷（Lucy Gray）所寫的；她是第一個呼籲在基督城舉行學生氣候罷課的人。

薩瑟蘭是一個喜歡戶外活動的人。她之所以開始擔心氣候破壞，是當她意識到，氣候破壞不只會損害遙遠的地方，也會損害到自然世界中她所熟悉與喜愛的那部分。然後她瞭解到，由於海平面上升，氣旋的威力不斷增強，所有太平洋國家都將處於危險之中。那時候，氣候變遷對她來說，就從一個環境問題變成一個人權問題了。她說：「在紐西蘭，我們是太平洋島嶼家族的一部分。」「這些是我們的鄰居。」

在基督城氣候罷課的講台上，年輕人輪流在麥克風前發言。「每個人看起來都很高興，」薩瑟蘭後來回憶說。然後，就在她準備發言時，一個朋友拉了她一把，說：「你必須把活動結束。馬上！」

一名警察走上講台，拿起麥克風，請所有人離開廣場。當薩瑟蘭去趕公車時，她在手機上看到一個重大新聞：就在剛才，在離她剛才所站位置十分鐘路程地方，發生了一起槍擊事件。她非常震驚。

她很快瞭解到，就在學生們進行氣候罷課的同一時間，一個住在紐西蘭的澳洲男子開車前往阿爾努爾（Al Noor）清真寺；那是基督城的穆斯林做禮拜的場所之一。他走進去，對正在祈禱的教徒們開火。六分鐘後，他又開車到另一座清真寺，繼續進行屠殺。超過五十人在槍擊事件中死亡，幾乎同樣多人受了重傷。

這名基督城兇手是一個白人至上主義者；他認為白人比其他種族的人更優越，應該享有更多的權利與特權。他受到種族主義仇恨的驅使，從他關於自己的罪行所寫下的文字看來，生態崩潰似乎是使他仇恨滋長的來源之一。

凶手自稱是「生態法西斯主義者」。聽起來很綠色的字首「生態」（eco-）來自「生態學」（ecology），即研究生物彼此之間以及生物與環境之間的關係的學問。「法西斯主義者」來自「法西斯主義」，這是一種政治觀點，重視專制獨裁的領導更甚於民主，也強調種族或民族身分而不是個別的人權。凶手寫道，讓非白人移民進入紐西蘭和歐洲這樣的地方是「環境戰爭」，因為它會使這些地區人口過剩並遭到破壞。

但這是不正確的。給我們的地球製造最大汙染的，其實是世界上最富有的地區以及最富有的人。但是，隨著我們的社會開始解決生態與氣候危機，這種白人至上的生態法西斯主義可能會變得更為普遍。事實上，一些以白人為主的國家，甚至包括那些沒有採取很多措施來應對氣候變遷的國家，已經把氣候危機當作藉口，以便把移民擋在國門之外，同時削減對較貧窮國家的援助。

歐盟、美國、加拿大以及澳洲政府已經大幅提高移民進入他們國家的難度。這些政府把移民關在收容所與監獄中的情況越來越多。他們聲稱，這可以阻止其他人挺而走險跨越國境來尋求安全。

這是氣候「不正義」的一個例子，因為人們被迫遷徙與移民的原因之一，就是氣候變遷的影響。氣候不正義的另一個例子是，世界上一些超級富豪已經在採取措施保護自己免於受到氣候變遷與社會動盪的最壞衝擊。他們正在建造物資充裕、守衛森嚴的私人牧場或豪宅，而這些實質上都是要塞堡壘。這加深了富人和窮人之間的鴻溝，進一步腐蝕了共同命運與公共利益的理念。這樣做也等於囤積了可用來幫助他人的資源。然而，如果氣候變遷的最壞預測成為現實，財富與私人衛隊也不能保護任何人永遠免於遭受劇烈的動盪。

所有這些就是為什麼我們在思考氣候行動的同時，不能不考慮到正義和公平的原因。因為就在此刻，我們許多對於氣候破壞的因應方案顯然是不公平的。汙染最少的人受到了最深的傷害，而汙染最嚴重的人則正在用他們的錢來保護自己免於受到他們自己行為的最壞結果。

因此，全體人類正面臨一個選擇。

在早已開始的崎嶇坎坷的未來裡，我們將變成怎麼樣的人？我們是否會分享有餘的物資，並團結起來阻止那正逼近我們所有人的威脅？還是我們會試著囤積有餘的物資，只照顧「我們自己的人」，而把所有其他人鎖在外面？

償還我們的氣候債務

我們並不是註定要走上氣候殘酷（climate cruelty）的道路，未來還有其他道路，如果我們願意選擇那些道路的話。如果我們真要開始走那些道路，那麼我們應該坦然承認，世界上較富裕、過度發展的地區對較貧窮、較不發達的地區虧欠一些東西，那就是氣候債務（climate debt）。

隨著時間的推移，溫室氣體會在地球的大氣層中積累；例如，二氧化碳（CO_2）會在大氣中停留數百年，某些部分甚至會停留更長的時間。我們地球的氣候今天之所以發生變化，是因為有兩個多世紀的累積排放。因此，長期以來使用化石燃料的工業經濟國家，對於地球溫度的升高所要負的責任，要比工業化較晚的國家要大得多。

而且，正如本書第四章將明確指出的那樣，世界上這些富裕地區的財富當中，有很大部分是源自於從非洲虜來的奴隸以及從原住民那裡竊取的土地。

這意味著，氣候危機絕大多數是由世界上最富有的國家造成的，包括美國、西歐各國、俄羅斯、英國、日本、加拿大以及澳洲。他們的人口不到世界人口的五分之一，卻排放了將近三分之二的二氧化碳，而就是這些氣體正在改變氣候。光是美國現在就排放了世界上大約百分之十五的碳，儘管美國人口還不到世界人口的百分之五。

但是，儘管較富裕的國家和人民應該對氣候危機負最大部分的責任，但是最容易受到氣候危機影響的並不是他們。最富有的國家很少位於世界上最炎熱與最乾燥的地區；所有這些國家都能生產他們所需要的東西，或者能負擔進口的費用——至少到目前為止是如此。

此外，儘管澳洲與北美西部受到乾旱和火災的蹂躪，但這些國家的收入與生活水準整體而言相當高，這意味著許多人有製冷設備與空調裝置，必要時他們也可以舉家遷移。當然，在這些國家中，有越來越多的人做不到這件事。

正如卡崔娜颶風的後續發展所顯示的那樣，最貧窮的人與國家會最早受到溫室氣體排放的傷害，而且程度也是最嚴重的。二〇一八年世界銀行估計，到了二〇五〇年，由氣候變遷引起的洪水、高溫、乾旱或糧食短缺，將迫使南亞、拉丁美洲以及撒哈拉沙漠以南非洲地區的一億四千多萬人離開他們的家園。許多專家認為這個數字甚至還會更高。大多數這些流離失所的人將留在他們自己的國家裡，湧入已經過度擁擠與緊張的城市和貧民窟。不過，也有許多人會到其他地方尋找更好的生活。

基本的正義感告訴我們，當危機是由他人造成的時候，受害者應該得到一些補償。因此，實現正義的一個重要步驟，就是世界上最富有的人應該盡量盡快地減少他們的溫室氣體排放。另一個步驟，就是承認所有的人，當他們的土地乾旱到無法種植糧食或受到快速上升的海洋威脅時，都有遷移與尋求安全的權利。這可能意味著要協助氣候移民遷徙到國內的新地點，或者歡迎他們前往其他國家。

第三個步驟，則是讓世界上較富裕、較發展的地區向較貧窮、發展較落後的國家支付其氣候債務。氣候債務背後的構想是，由於歷史原因，較富裕的國家對較貧窮的國家有所虧欠。

地球的大氣層只能安全地吸收有限數量的二氧化碳，這被稱為「碳預算」（carbon

budget）。在大多數較貧窮國家有機會工業化之前，富裕國家就已經把地球上大部分的碳預算給用完了。這件事的原因很複雜，但是跟殖民主義與奴隸制的後遺症脫不了關係。現在這些低收入國家正在努力追趕，他們的人民想要的許多東西，都是較富裕國家的人民視為理所當然的：像是電力、衛生設備以及方便的交通網路，而且他們有權得到這些東西。但問題是：如果世界上每個人都複製浪費的、燃燒化石燃料的生活方式，如富裕國家常見的那樣，那麼我們地球的溫度將會飆升。

氣候債務的構想就是為這個困境找到一個公平的解決辦法。從二〇〇六年開始，相對貧窮的南美國家厄瓜多（Ecuador）試圖向世界展示這種解決方案如何進行——但是當時很少有人願意聆聽。

厄瓜多的亞蘇尼國家公園（Yasuní National Park）是一片極其獨特的雨林，國家公園裡的幾個土著部落為了保護他們的生活方式，拒絕與外界的一切接觸。這意味著他們對流感等常見疾病幾乎沒有免疫力，如果被迫與外人接觸，可能會有很大風險。

該國家公園也是廣大的動植物多樣性賴以存在的家園；例如，在園區內僅僅二．五英畝（一公頃）範圍內生長的樹木種類，就跟整個北美洲的本土樹種的數量一樣多。它也是許多受威脅動物物種的家園，比如巨獺、白腹蜘蛛猴以及美洲虎。亞蘇尼就是那種大衛·艾登堡（David Attenborough）會去拍攝令人讚嘆的紀錄片的地方！

但是在這繽紛多彩的生命的腳底下，蘊藏著豐富的石油——高達八億五千萬桶之多。這些石油價值數十億美元，而石油公司想要弄到手。如果他們真的採到石油，將為厄瓜多的經濟帶來大量投資，這些錢可以用來消除貧困。從不利的方面來看，燃燒所有這些石油，而且為了獲得石油而砍伐雨林，將給大氣添加五億四千七百萬噸的二氧化碳。這會危害地球上每一個人，不只是厄瓜多人民的問題。

二〇〇六年，一個名為「生態行動」（Acción Ecológica）的厄瓜多環保組織提出了一個構想：厄瓜多政府可以同意不批准在亞蘇尼鑽探油井，作為回報，世界上的其他國家將支持這個決定，並向厄瓜多支付資金，以彌補因為讓石油留在地底下而產生的部分損失。

這種安排對所有人都有好處——使地球暖化的氣體將不進入我們的大氣裡，亞蘇尼豐富的生物多樣性也將受到保護。而厄瓜多所獲得的資金，將可以用於對健康、教育以及清潔的再生能源的投資。

這個計畫的重點是，把石油留在地底下的沉重負擔，不應該完全讓厄瓜多來承擔。這個負擔應該由高度工業化的國家一起來分擔，因為這些國家貢獻了大氣中超量的二氧化碳的絕大部分，並因此變得富有（奴隸制與殖民主義也助了一臂之力，下一章我們就會談到）。根據這項計畫，厄瓜多收到的資金，可以用來幫助厄瓜多進入

在抗議厄瓜多亞蘇尼國家公園的石油開發時，該公園的原住民與首都基多（Quito）的警官對峙。

綠色發展的新時代，一舉跨越數世紀以來一直盛行的越來越髒的模式。亞蘇尼計畫將成為其他國家償還氣候或生態債務的模式。

厄瓜多政府向世界倡議亞蘇尼計畫，厄瓜多人民也強烈支援該計畫。二〇一一年的一項民意調查顯示，有百分之八十三的厄瓜多人希望讓亞蘇尼的石油留在地底下，這比三年前的百分之四十一要高，顯示一個積極提倡正面變革的計畫能迅速抓住人們的想像力。

為了保護亞蘇尼不被鑽探，厄瓜多設定了三十六億美元的目標。但是，已開發國家的捐款遲遲沒有到位，或者永遠不會來。六年後，籌到的款項只有一千三百萬美元。

因此，由於該計畫未能籌集到希望的款項，厄瓜多總統在二〇一三年表示，他將準備批准鑽探。厄瓜多氣候債務計畫的支持者並沒有放棄，公民團體和非營利組織發起了反對鑽井的運動，抗議者勇敢抵抗著逮捕與橡皮子彈。然而儘管他們如此努力，二〇一六年石油公司還是開始在亞蘇尼鑽探。三年後，政府允許在園區內的第三個油田進行開採，這次是在與外界全無聯繫的部落居住地。

厄瓜多政府表示，石油開採是以非常謹慎的方式進行的，足以保護環境。但即使如此，在亞蘇尼的鑽探也意味著更多的化石燃料的使用，更多的溫室氣體將被排放到大氣中，以及更多的氣候變遷。

拉丁美洲、非洲與亞洲充滿了這樣的機會，可以讓世界上較富裕的地區站出來，並償還他們的氣候債務。要做到這一點，世界上富裕的人民與國家必須承認自己對其他國家有所虧欠，因為後者陷入了不是由他們自己造成的危機之中。

富人的責任是什麼？窮人的權利是什麼，無論他們生活在世界上什麼地方？除非我們面對這些問題，否則我們將不會有一個全球角度且規模夠大的辦法來解決氣候變遷的問題。而且我們會繼續錯失更多像在亞蘇尼這樣的契機；這是讓人傷心的。

未來實驗室

卡崔娜颶風過後，紐奧良成為一種實驗室。像瘋狂的科學家一樣，大公司以及他們在政府與智庫中的協力者在大眾身上執行了各種實驗，他們胡亂地把過去屬於共同利益的領域，比如公共衛生和教育，修改為商業機會。最後，他們讓這座城市貧富分化更為嚴重，更無力面對下一次災難。

但是未來的災難也可以是共同利益的實驗室。災難——無論是洪水、地震、風暴等事件，還是戰爭等政治動盪——往往使不平等更加凸顯，就像卡崔娜在紐奧良所造成的那樣，社會與氣候的不正義變得更容易被看到。但是災難也會打斷人們的日常生活，通常災難會促使人們想出新的做事情的辦法，這就是災難成為契機的地方。

在許多災難發生後，富人和有權勢的人會抓住機會，變得更有錢與更強大。但是反過來說，如果能把災難轉化為契機，以使公共利益更為提升與強化呢？

政府、地方官員與援助團體可以允許、甚至鼓勵人們以對彼此與社區有益的方式因應災難，而不是去幫助那些本來就有財力度過風暴的大企業。第六章會談到，有些地方已經有這樣的案例發生。這就是**氣候正義之路**，它降低了我們所有人在未來遭遇風暴打擊的機率，而且這條道路是可實現的。

正如你在第一部分所看到的，今天年輕的氣候抗議者說的沒錯——當前的氣候，以及我們的社會狀態，都讓我們面臨一個關鍵的抉擇。我們將如何用我們的行動來塑造未來？不僅是以個人的身分，而且是作為整個社會、作為一個物種？

為了避免重蹈過去的錯誤，我們需要知道，我們是如何走到目前這個全球氣候危機的，以及我們的氣候債務是怎麼堆積起來的。正如你將在下一章看到的，這個故事也是從一個實驗室開始的。

第二部分

我們怎麼走到這一步

第四章

焚燒過去，烹煮未來

氣候變遷誕生於一七五七年的一個實驗室，也可說是一個工作坊，這個地方兼具這兩種性質。它屬於一個名叫詹姆斯·瓦特（James Watt）的二十一歲的蘇格蘭人。

瓦特的工作是製造與維修科學家與數學家所使用的精密儀器。有一次，在他替格拉斯哥大學（University of Glasgow）修好了一些天文器材後，他被邀請到大學裡開一家舖子。六年後，大學要求他修理一部發動機。這次的修理工作最後讓詹姆斯·瓦特找到一種新的動力來源——蒸汽機。歷史家芭芭拉·佛里斯（Barbara Freese）稱之為「或許是現代世界的創造中一次最重要的發明」。

這部發動機造成工業的快速成長與擴大，為了提供工業的動力需求，導致大規模化石燃料的燃燒，然後隨著時間的進展，帶來了氣候危機。

瓦特功率

我們已經說了很多關於化石燃料的問題，但是這些燃料到底是怎麼回事？煤、石油與天然氣被稱為化石燃料，它們是由幾百萬甚至幾億年前死亡的生物殘骸構成的。這些生物不是你在博物館裡看到的那些高大的恐龍，煤與某些類型的天然氣是來自早已死亡的樹木以及其他植物的遺骸，石油與大多數天然氣則是來自微小的水生植物，比如藻類或被稱為浮游生物的微小海洋生物的屍體。

當這些生物死亡時，它們沉入古代沼澤與海洋的底部。經過漫長的歲月，土壤穩定地在這些數以兆計的遺體上累積了起來。來自土壤重量的壓力使它們產生了化學變化，把有機殘骸變成煤炭、原油，或是天然氣。

早在詹姆斯．瓦特之前，人們就開始使用化石燃料。在有溼地與沼澤的地方，人們從地底下挖出成塊的泥炭。泥炭是古老的植物部分腐爛後形成的物質，如果在地下再放置幾千萬年，它就會變成煤。不過，即使提早以泥炭的形態被挖出來，它還是可以燃燒，以使房屋溫暖。

煤在地下比泥炭埋得更深，也更難取得，但是它燃燒的溫度也更高。在瓦特的時代，英國許多家庭是用燃煤的壁爐或火爐來取暖。事實上，一七六三年瓦特被要求修理的機器，是紐科門（Newcomen）發動機——一種早期的蒸汽機，由托馬斯·紐科門（Thomas Newcomen）在一七一二年發明，主要用來從被淹沒的煤礦中抽水。

用最簡單的說法，蒸汽機就像一個大茶壺，只不過，沸水產生的蒸汽不會發著哨音噴進你的廚房，而是被收集起來，用來驅動一部機器。就像茶壺需要在爐子上加熱一樣，如果沒有某種燃料的能量，蒸汽機就無法使水加熱。

紐科門發動機是燃燒煤炭。燃燒的煤把容器（即鍋爐）中的水加熱，使它變成蒸汽。蒸汽流進一個密封的汽缸，裡面有一個密合度很高的活動零件，叫做活塞，蒸汽的壓力推動活塞，而推動活塞的能量則傳到連接在汽缸外的桿子上。這些移動的桿子可以驅動一個幫浦，把水從被淹沒的坑道中排出去。

瓦特在修理大學的這部紐科門發動機時，發現它效率不太好——它會浪費能源，因為發動機在活塞的每次行程中都會冷卻，這意味著蒸汽必須不斷地重新加熱。幾年之後，瓦特想出了重新設計蒸汽機的方法，他的版本更有效率，力量也遠遠更強大。

瓦特花了很多年時間來改善他的設計，以及尋找正確的合夥人來幫他成立企業，一七七六年，新的發動機終於投入使用。它的第一件工作是驅動抽水幫浦，把水從被淹沒的礦坑裡抽出來，正如紐科門發動機所做的那樣。

瓦特的合夥人馬修·博爾頓（Matthew Boulton）指出，礦坑排水幫浦的市場很有限，

蒸汽機使現代工業成為可能；蒸汽機以及它所驅動的機器，比如這列火車，改變了世界。但是蒸汽機也開始改變世界的氣候。

但是許多其他類型的工作都需要動力。在博爾頓的敦促下，瓦特繼續發明下一個版本的發動機，以便為幫浦以外的機器提供動力。一七八二年，一家鋸木廠訂購了一部他的新發動機。該廠之前一直使用十二匹馬來為切割木材的機器提供動力。瓦特計算出，一匹馬所做的工作相當於在一分鐘內把三萬三千磅的重量舉起一英尺的高度。（這就是馬力作為能量測量單位的由來。）他那部發動機取代了全部十二匹馬。

詹姆斯．瓦特並不是蒸汽機的發明人，但他對機器做了很大的改進，強勁有力，不知疲倦。他的發動機吞吃煤炭、吐出能量，而煤炭彷彿可以無限供應。在瓦特所處的時代與地方上，有權勢的人已經開始用某種方式看待地球以及我們與地球的關係。對那些人來說，瓦特蒸汽機正是一部完美的機器。

一個任你取用的世界

你是否曾經試著描述你跟自然的關係？你覺得這個關係就跟你周遭社會對待自然界的態度差不多，還是你有一些想法跟你周遭看到的狀況格格不入？

人類對於人在自然界中的生存做過許多不同的思考。例如，奧農達加人

（Haudenosaunee）（有時被稱為易洛魁人〔Iroquois〕）*有一個古老的哲學：他們要求每一個決定都要評估其影響，不僅是對於今天活著的幾代人，而且也要考慮到未來的七代人。許多文化都有這樣的哲學，即要求他們的成員要當一個好的祖先與好的公民，不要做任何會使後代無法好好生活的事情。就像我們從生活在北夏安保留地的年輕人那裡聽到的，他們的文化告訴他們，不要拿超過他們所需要的東西，要回饋給土地，以使土地能自我更新與繼續支持生命。

這種生活系統仍然存在於一些群體中，特別是在世界各地的原住民那裡。不過在現代世界裡，這些系統大多早在幾百年前就被取代了，人們對於人與自然的關係有了不同的看法。人們開始把自然視為一種對象或機器，是人類可以而且應該控制的東西。從十六世紀開始，這種觀點在歐洲及其殖民地成為主流，包括在後來成為美國的區域也是如此。這種觀點與我們的全球經濟緊密交織，重視資源的擷取或開採甚於一切；有人稱這種體系為開採主義（extractivism）。

*譯註：北美印第安人的一支。

如果這個開採主義有個始祖，那大概是英國思想家與科學家法蘭西斯・培根（Fracis Bacon, 1561–1626）。人們認為，是他說服了受過教育的階級放棄了舊觀念，不再把地球視為一個孕育生命的母親——這個母親不只值得我們敬重，有時也令我們畏懼。在培根看來，人類的存在是與自然界的其餘部分分開來的，而地球的存在是為了被利用。人類是地球的主人。他在一六二三年寫道，如果我們研究自然，「就可以領導與驅使她」。

根據這種觀點，地球可以被完全瞭解，也可以被控制。這種觀點也出現在另一位英國人約翰・洛克（John Locke, 1632–1704）的政治著作中。洛克的思想促成了現代自由概念的形成，這種自由的部分意涵是——人類有「完全的自由」可以用他想要的任何方式去利用自然界。同一時間，偉大的法國哲學家勒內・笛卡爾（René Descartes）寫道，人類是大自然的「主人及擁有者」。

但是問題來了：如果有人告訴你，你擁有某樣東西，或說是它的「主人」而不是它的一部分，那麼你也許就會認為，你可以對它為所欲為，並不需要面臨任何後果。這種思想，特別是培根關於可認知、可控制的自然世界的觀點，為英國與其他歐洲國家的殖民活動鋪出了康莊大道。這些國家的船隻縱橫全球，把大自然的祕密——

以及財富——帶回他們的王國。同時，這些航行也給探險國提供了機會，讓他們可以把遠離本國海岸的土地宣稱為自己的殖民地。如此一來，原本已經生活在那些土地上的人們就變成殖民宗主國的臣民，不管他們是否願意如此。

在這個時代的富有歐洲人的想像中，無論是對自然界，還是對那些未信奉基督、生活方式與大自然更為結合的人類，他們都可以全盤地掌控。一位牧師在一七一三年寫下的一段話對這種心態有很好的刻畫：「如果有需要，我們可以洗劫整個地球，鑽入地球的深處、下到深海的底部，前往這個世界最遙遠的地方，以獲取更多財富。」這是一種勝者強取的文化，包括俘虜與奴役歐洲以外的民族。由於把地球想像成一台無限供應的自動販賣機，充滿了等待被開採的資源，開採主義的美夢就誕生了。

要實現這個夢想，現在只欠缺一個可靠的能源來源。

革命

在最初的幾十年裡，新的蒸汽機非常不好賣。大多數工廠的動力都靠水車，而水車有很多優點。水是免費的，而蒸汽機需要加煤，煤則需要不斷地購買。蒸汽機也沒有提供明顯更大的動力。事實上，大型水車可以產生更多馬力，比以煤炭為動力的競爭對手多好幾倍。

但是，隨著英國人口的成長，有兩個優勢使蒸汽動力逐漸勝出。一個是，新機器不受自然界變化的影響，只要持續加入煤炭，蒸汽機就會一直以相同的速度工作。水在河流中流動的速度，或河面隨季節變化而上升和下降，都不影響蒸汽機。

蒸汽機的另一個優勢是，它可以在任何地方工作。水車必須建在瀑布或急流旁邊，但蒸汽動力工廠不需要任何特殊的地理環境。工廠主可以把他們的營運從偏遠的城鎮或鄉村搬移到大城市，比如倫敦。在城市裡，由於有大量願意工作的工人，工廠主可以輕易地解僱麻煩製造者，並鎮壓工人的罷工。而且在城市裡，蒸汽機的燃料也不是問題。在蒸汽動力火車頭問世之後，新的燃煤火車能把煤炭從礦場運到工業中心給新機器使用，不管它們位於何處。

同樣的，當瓦特的發動機被裝在船上時，船員們就不用再依賴風力了，這使歐洲人更容易抵達遙遠的國度，並把那些土地據為己有。在一八二四年紀念瓦特的會議上，利物浦伯爵（Earl of Liverpool）說：「不論風從什麼方向吹，不論我們的武力是要前往世界上的哪個地方，靠著蒸汽引擎，你都有能力與辦法，在恰當的時間與透過恰當的方式，來運用我們的武力。」

然而人們很快就發現，正如你在第三章裡所看到的，化石燃料需要犧牲區——包括煤礦工人的黑肺、礦區周圍被汙染的水道，以及以奴役的形式被捲入工業革命的非洲人（下面很快就會談到）。但是，對於那些擁有礦場、工廠和航運公司的人來說，由於煤炭保證了移動自由與所需的動力，這些代價是值得付出的。有了可移動的能源，工業與殖民主義可以前往任何勞動力最便宜、也最容易欺負的地方，以及任何可以獲取有價值資源的地方。煤炭代表了對他人與自然的全面控制，培根的夢想成真了，工業革命大幅邁進。

同時，社會所有階層的人都感覺到，不論任何時候，只要願意，人類可以從自然界獲取他們需要的任何東西。伴隨而來的是，人們也渴望購買與擁有新的事物，因為以煤為動力的工廠現在可以大量生產人們所消費的商品。

難怪瓦特蒸汽機的時代同時也是英國製造業爆炸性成長的時期，棉花只是其中一個例子。英國會進口在世界其他地方種植的棉花原料，其中絕大多數的棉花是在美國與加勒比海地區，由受奴役的非洲人摘採的——這些工人是從非洲被綁架過來，或者是之前被奴役者的後代。棉花到達英國後，紡織廠把它織成布匹，再製成衣服。英國商人接著銷售這些商品，不只在國內，也到世界各地販售。

這是一場革命，有兩件事使這個革命成為可能：國內的煤炭為工廠和船隻提供動力，以及其他地方奴工的勞動力為英國提供棉花。在這種制度下，土地以及耕種土地的人都被當成可以無限制剝削的對象。

這就是現代資本主義的開端。新的大量生產的工業製品不斷湧入，購買這些商品的新市場也應運而生。從前，大多數人從當地的手工業者與小農場購買他們的生活所需。現在，經濟變成以市場與商品的整體買賣為重心；這些商品有時是從很遠的距離外運來的。

這種新經濟模式的主要特色是消費主義——到現在也仍然如此。在市場經濟中，人們是擔任消費者的角色，廣告不斷催促他們購買新的商品、更換舊的商品。有些政治演說甚至傳達這樣的訊息：消費與購買是公民的義務。

工業革命並沒有侷限在英國——瓦特蒸汽機的故鄉。這場革命首先擴散到西歐和北美。由於以煤作為驅動力，這場蔓延的革命也標誌一個新開端——人為的改變開始影響包覆我們星球的大氣層。這是因為煤炭——就跟後來廣泛使用的石油與天然氣一樣——在燃燒時會釋放出溫室氣體，而其中一些氣體在空氣中會停留非常長的時間。

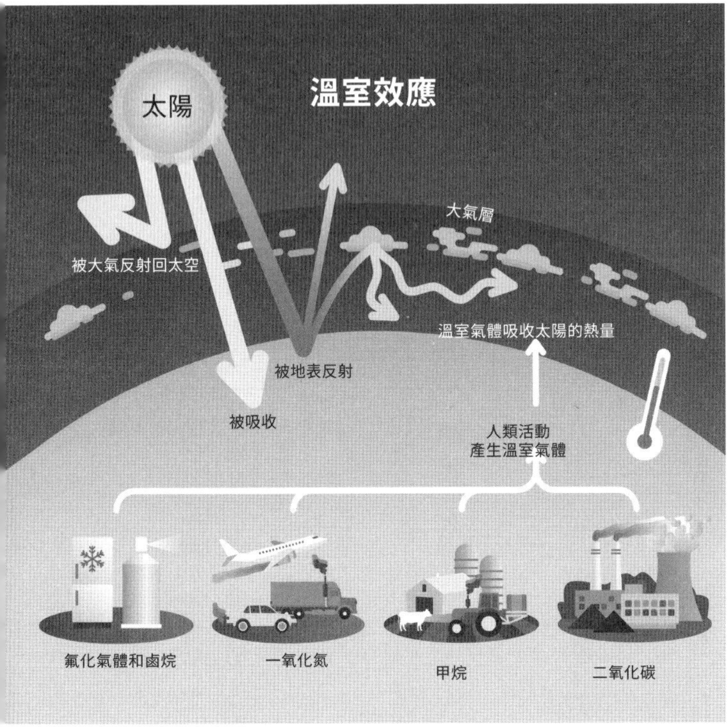

太陽的一些能量會被大氣層反射回太空。其餘的到達地球表面時，有更多會被地表反射回太空。但是部分被反射的能量會被大氣層中的溫室氣體捕捉，使全球的溫度升高。主要的溫室氣體是二氧化碳、甲烷、一氧化二氮，以及一組有不同名稱的氣體，包括氟化氣體和鹵烷（haloalkanes）。

溫室氣體在空氣中會停留多長時間，取決於氣體的種類。它們主要有四種：甲烷、一氧化二氮、二氧化碳（CO_2），以及一群被稱為氟化氣體的化學物，當中包括用於製冷與空調的氫氟碳化物。每一種溫室氣體一旦成為大氣的一部分，會有不同的持久力。

有些甲烷來自於自然的來源，如植物性材料的腐爛過程；但是人類也會產生甲烷，比如透過從地下開採化石燃料、飼養牲畜以及在垃圾堆與掩埋場堆放大量廢棄物。甲烷在大氣中停留的時間約為十二年。

一氧化二氮的持續時間更長，約為一百一十四年，它是由氮肥、牲畜糞便以及一些工業製程釋放到空氣中的。

與其他溫室氣體相比，氟化氣體對全球暖化的作用比較小，但是其中一些在空氣中停留長達數千年之久。

二氧化碳（CO_2）是最糟糕的。二氧化碳在大氣中增加，是因為化石燃料的使用，以及大規模的森林砍伐。其中一些二氧化碳被海洋吸收，但是其餘的則將在大氣中停留數百年或甚至數千年之久。

二氧化碳的釋放是氣候變遷最大的人為因素，而最易改變氣候的活動則是燃燒化石燃料，特別是燃煤。這又把故事帶回煤炭、蒸汽機以及工業革命發達起來後發生了什麼。

致命的豌豆湯

自古以來，霧一直是倫敦天氣的一部分。英國首都坐落在一座山谷中，有泰晤士河從中流過。當水蒸氣在河上形成時，它可以在城市中蔓延，使街道充滿涼爽的灰色霧氣。

不過在十九世紀時，倫敦的霧發生了改變。霧出現得更頻繁、更密也更厚，有時還有刺激性，讓人的眼睛與喉嚨有燒灼感。這些不是霧，而是霧霾，也就是霧與煙和煤煙的混合體，主要來自燃煤的火。霧霾的骯髒黃色使它贏得一個「豌豆湯」（pea-soupers）的綽號。

在二〇一五年出版的《倫敦霧傳記》（*London Fog: The Biography*）一書中，克莉絲汀·科頓（Christine L. Corton）指出，平均而言，倫敦的霧與霧霾的高峰時期是一八九〇年代。在那十年裡，該城市每年平均有六十三天被籠罩。但是遠遠更糟的一年是在後來。那是一九五二年，倫敦大霧霾之年。

那是從十二月五日一場普通的霧開始的。然而很快的，霧變成了黃褐色。房屋的煙囪、工廠的排煙管、私人汽車與公共汽車的排氣管所排出的汙染，與霧混合了起來。到了第二天，很顯然的，這次的豌豆湯比平常更糟糕。一個天氣系統在河谷上方停滯不前，完全沒有風。一團三十英里寬（四十八公里寬）冰冷的、充滿霧霾的空氣被困在倫敦上空，就像被裝在一個碗裡一樣。

像所有的豌豆湯一樣，大霧霾是工業革命的後遺症；不論是工業界或發電廠，還是人們用以取暖的壁爐和火爐，所使用的煤炭量都持續上升。在十九、二十世紀的倫敦，造成大部分汙染的煤炭飽含硫磺，這使霧霾呈現黃色，並有刺激性。硫磺還給霧霾加上了腐敗雞蛋的臭味，霧霾在它接觸到的所有表面上都留下一層油性的黑色薄膜，包括在人們的臉上。

不久後，這場大霧霾成了倫敦所見過的最嚴重的一次。駕駛們放棄了他們的汽車，因為他們看不到街道；火車與航班被取消，鳥類撞上建築物並死亡，電影院也關閉了，因為霧霾進入建築物，擋住了人們觀看銀幕的視線。不過，犯罪行為倒是很順利，罪犯們發現，在搶劫或闖入房屋竊盜後，可以很容易地消失在霧霾中。

最後，在經歷五天之後，天氣有了變化，風把霧霾吹出了倫敦。但是大霧霾的影響持續了很長時間，成千上萬的人生病了，並死於支氣管炎與肺炎等肺部疾病。今天的專家認為，因大霧霾而死亡的人數為八千人，或甚至更高。年幼

在一九五二年的大霧霾期間，納爾遜柱（Nelson's Column），倫敦的一個地標，在中午時幾乎看不到。

的孩子、老年人以及吸菸者受到的打擊最大。

大霧霾發生四年後，英國政府通過了《清潔空氣法案》，以限制城市中煤炭的使用。隨著煤炭淡出舞台，豌豆湯也不再那麼常見了。後來也有嚴重的霧霾以及與霧霾相關的死亡事件，但是再也沒有一次像一九五二年的大霧霾那樣嚴重。在那場重大災難損害了成千上萬的人之後，政府介入了——這表示，當人們的生命與健康受到威脅時，重大改變是有可能的。如果這種改變能發生在一九五〇年代的倫敦，那麼今天它也可以發生在任何地方。

警訊

工業革命是歐洲人首次運用化石燃料動力的時期，在那之後的幾個世紀裡，他們似乎已經讓大自然屈服於他們的意志，就像法蘭西斯·培根所指示的那樣。然而，從那時起，我們想起了我們所有祖先過去一直知道的一件事：大自然的所有關係都有「給」與「取」兩個面向。我們現在瞭解，這個世界充滿了各種連繫，一件事總是導致另一件事。當我們利用化石燃料時，我們並沒有擺脫自然界中給與取的關係，我們只是推遲它而已。

幾個世紀以來，我們從地下取走了化石燃料。今天，燃燒排碳的累積效應給了我們一個更凶猛的自然世界：更久更乾的乾旱、更猛烈的野火、更強的風暴、更多的健康風險等等。厄瓜多的生態學家埃斯佩蘭薩．馬丁內斯（Esperanza Martínez）說道：「在過去的一個世紀裡，我們已經很清楚地看到，化石燃料作為資本主義的能源，正在摧毀生命——從開採這些燃料的土地，到吸收其廢氣的海洋和大氣，無不如此。」

但是這種效應的跡象很早就出現了。煤炭最早的受害者，就是那些協助把它從土裡挖出來的礦工，許多人死於一種叫做黑肺病（black lung）的疾病，這種病跟它聽起來一樣可怕。它是由接觸煤灰引起的，煤灰會損害肺部組織。其他的早期受害者則是在早期工廠與磨坊工作的工人；當時還沒有限制工時、禁止童工或要求工作場所安全的法律。當然，那些採收棉花、橡膠、稻米與甘蔗，為許多工廠供應原料的被奴役者，則是所有人當中最大的受害者。工業化的進展也給環境留下了疤痕，人們漸漸習慣看到堆積如山的採礦廢料、充滿煤煙的空氣與被汙染的河流，而不是看到昔日圍繞他們的自然風景。

所有這些本來應該對我們構成早期警訊，警告我們正在毒害這個世界，而且這些警訊在二十世紀還會越來越多。然而，大多數人當時並沒有開始認真注意到，我們正在把多麼重要的事情置於危險之中，一直到氣候變遷的威脅開始被理解為止。在下一章裡，你將看到科學家、作家以及許多不同年齡層的人，如何在二十世紀結束時終於聯合起來，挑戰把自然界當成自動販賣機的觀點，並呼籲進行改革，好讓人類與地球的健康都獲得改善。

第五章

戰鬥的形成

化石燃料建立了現代世界，我們都生活在煤、石油與開採主義所寫成的故事裡。即使在沒有許多重工業的國家，我們呼吸的空氣和周遭的天氣都受到全球化工業經濟的影響。我們購買的電話、汽車和其他商品，都是由化石燃料驅動的經濟所製造的。

在化石燃料和開採主義的故事中，人們一直在為更平等地分享利潤而抗爭。他們為窮人與工人階級贏得了一些勝利，儘管這些抗爭大多沒有直接反對開採主義本身的基本理念。但是到了一九八〇年代，由於我們對化石燃料的依賴程度越來越引發顧慮，人們開始挑戰這個理念。

一個決定性的衝突於是形成了。一邊的人聽到了逐漸浮現的關於化石燃料的警告，並增加了對氣候變遷的關注。另一邊的人則對這樣的警告視而不見，甚至用更大的音量去蓋過那些警告，或者將資料扭曲以掩蓋真相。然而這個價值觀與思想的衝突，卻出現在一個我們歷史上無法更糟的時間點上。

一個運動的興起

通常被稱為「環保主義」的運動是一個由許多團體組成的網絡；他們希望保護世界及其資源不被人類活動所吞噬。環保主義的思想並不新，但是作為一種媒體現象，這個運動在二十世紀才走向成熟。這場新運動是否挑戰了開採主義者的觀點——也就是把自然視為資源與財富的無盡泉源？也不盡然。

環保主義的早期歷史，特別是在北美，與普通工人階級沒有什麼關係，窮人就更不用說。它最早是在十九世紀末、二十世紀初從一個叫做保育主義（conservationism）的運動開始的。

保育主義主要是由享有特權的富裕男子組成的；他們喜歡釣魚、打獵、露營以及徒步旅行。儘管他們瞭解到，工業的迅速發展已經威脅到他們所熱愛的荒野，但是他們當中的大多數人並沒有去深思「工業在美國的地景上不斷擴張」是否是一件好事，或者是否應該加以控制。他們只想確保一些特別壯麗的地方能被保存下來，以供他們欣賞。他們的運動並不在乎一件事實：其他地方同樣會受到工業與發展的破壞。

早期保育主義者實現目標的辦法，並不是進行喧譁的公開抗議，對於一個與上層階級緊密連結的運動來說，那樣做很不體面。他們是悄悄說服其他像他們一樣的人，透過把一個地方變成國家或州立公園，或私人家庭的自然公園，又或是狩獵保護區，來拯救他們所喜愛的地方。而這往往也意味著，原住民會失去在這些地方打獵和捕魚的權利。這裡有一個殘酷的反諷，因為正如我們所看到的，生活在北美的原住民——甚至早在這塊土地被稱為北美洲之前——就已經是該大陸最早的環保主義者了。

有一些早期的美國生態學思想家主張的則不只是保護孤立的景觀。他們當中有些人受到亞洲信仰的影響，認為所有的生命都是相互連結的，也有些人受到美國土著信仰體系的影響，認為所有的生物都是我們的親人。十九世紀中期，新英格蘭的亨利．大衛．梭羅（Henry David Thoreau）寫道：「我所駐足的這個地球並不是一塊死氣沉沉的惰性物質。它是一個身體；它有一個精神，是有機的存在……」。這跟法蘭西斯．培根的地球圖像完全相反；後者認為，地球是一個沒有生命的機器，其奧祕可以被人類的思想所掌握，也可以被掠奪。

與梭羅的想法相似的，是另一位美國人奧爾多·利奧波德（Aldo Leopold），他是第二次環保主義浪潮的關鍵人物。他的《沙縣年鑑》（*A Sand County Almanac*）一書呼籲以一種「擴大社群的邊界，以便把土壤、水、植物與動物包括進來」的方式看待自然界。這將改變人類的角色，把人從「土地社群的征服者，變成土地社群裡的一般成員與公民」。

利奧波德的著作對生態思想產生了巨大的影響，但是就像梭羅早期的思想一樣，他們並沒有減緩工業化的高速發展。他們沒有被連結到任何有廣大支持的大型運動。占主導地位的世界觀繼續把人類視為一支不斷征服的軍隊，把自然界置於其控制之下。

對這種觀點的重要新挑戰出現在一九六二年。科學家與作家瑞秋·卡森（Rachel Carson）出版了《寂靜的春天》（*Silent Spring*）。這本書詳細介紹了廣泛使用DDT等化學品來殺死昆蟲的情況，並指出這些殺蟲劑對鳥類生命和其他方面造成的損害。

卡森在書中對於化學工業用飛機從空中噴灑殺蟲劑，並在這個過程中毫不考慮對動物與人類生命所造成的危害，表達了至極的憤怒。她關注的焦點是DDT，然而她知道問題不在於某一種特定的化學品；問題在於一種基於「控制自然」的思維方式。她的著作啟發了一整個新世代的環保主義者，促使他們看到，地球是一個脆弱的生態體系，一個由相互連繫的生命所組成的網絡，而人類只是其中一部分。我們無法控制這個生態體系，同時不使它崩潰。

部分來說，由於《寂靜的春天》的廣泛影響，這個時期有更多的人開始質疑我們對待自然界的方式，也質疑開採主義的基本理念——大自然真的永遠有更多資源可以讓我們拿取嗎？在北美，一種新的環保組織突然出現了，與過去斯文有禮的保育主義者不同，現在這些運動人士確實會在公開場合以及法庭上進行戰鬥。

環境法的黃金時代

在《寂靜的春天》出版後的幾年裡，出現了一些新的團體，當中有一個是環境防衛基金會（Environmental Defense Fund, EDF）。一九六七年，一群敢做敢衝的科學家與律師成立了這個組織。他們聽到了瑞秋．卡森的警告，並採取了行動；最後導致美國禁用 DDT 殺蟲劑的訴訟，就是由環境防衛基金會首先提出的。禁令頒布後，許多鳥類物種得以恢復，其中之一就是白頭海鵰（bald eagle），美國的國鳥。

當兩黨政治人物看到一個會影響每個人的嚴重問題，而且有明確證據時，他們問自己，「我們能做什麼來阻止它？」接下來就是一波環保運動勝利的浪潮。

美國第一個成為聯邦法律的環境法案是一九四八年的《聯邦水汙染控制法案》（*Federal Water Pollution Control Act*），然後是一九六三年的《清潔空氣法案》（*Clean Air Act*），之後是一九六四年的《荒野法案》（*Wilderness Act*）、一九六五年的

孟加拉首都達卡（Dhaka）噴灑 DDT 來控制蚊子。美國於一九七二年禁止了這種有毒的殺蟲劑；這是在瑞秋．卡森於《寂靜的春天》中描述了它對野生動物的破壞性影響的十年之後。

《水質法案》（*Water Quality Act*）、一九六七年的《空氣品質法案》（*Air Quality Act*），以及一九六八年的《自然與景觀河流法案》（*Wild and Scenic Rivers Act*）。這些立法是里程碑式的，因為它們確立了政府有權利與責任去規範全國國民如何與環境互動。這些勝利在今天看來幾乎是不可能的，因為現在的企業與更多的政治人物排成了長長的隊伍，對任何形式的政府監管或控制都表達反對。

環境法也反映了一個事實——環境運動有許多不同的目標。比如說，立法限制廢棄物與排放物進入空氣與水的種類和數量，主要目的是保護人類的健康；而荒野與河流法案的目的則是保護自然世界的一部分。在一九七〇年代，有二十三個這類目標各異的聯邦環境法案被通過。

然後，在一九八〇年，《超級基金法案》（*Superfund Act*）要求：工業區如果充滿危險的有毒汙染物——也就是可毒害土壤、水、空氣與生物的化學物質，而且數量龐大，工業界應該為其清理工作做出少許貢獻。超級基金法案確立了「汙染者付費」的原則；這正是氣候正義的核心。

這些勝利效應外溢到加拿大；加拿大也有了自己的環境行動主義。而在大西洋彼岸，歐洲共同體在一九七二年宣布環境保護有最高的優先性。在隨後的幾十年裡，歐洲成為環境法的領導者。一九七〇年代也帶來了國際環境法的里程碑，包括禁止瀕危物種（如珍稀鳥類）或瀕危物種製品（如犀牛角）的商業貿易協議。

再過十年左右，環境法才開始在世界許多較貧困的地區得到認可。在這段時間裡，社群以直接的方式捍衛自然界。非洲和印度的婦女發起了充滿創意的行動來反對森林的砍伐。巴西、哥倫比亞與墨西哥的公民發起了大規模的抵抗運動來反對核能電廠、水壩以及其他工業開發計畫。這些國家隨後也制定了更強有力的環境法律。

這個環境法的黃金時代是建立在兩個簡單理念之上的。首先，對於造成汙染問題的材料或活動要予以禁止或嚴格限制。第二，在可能的情況下，要讓汙染者為清理他們的爛攤子付費。由於大部分民眾支援這些行動，環境保護運動贏得了一系列最大的勝利。但是成功也給運動帶來了重大變化。

對許多團體來說，環保主義的工作已有所改變。隨著允許汙染者被提告的法律陸續通過，環保主義者就把他們的注意力轉移到法律行動上，而不是組織抗爭與教育宣講上。曾經被某些人斥為是嬉皮暴民的一群人，現在變成由律師與遊說者組成的運動；他們把時間花在與政治人物會面，搭飛機從一個聯合國峰會趕到另一個聯合國峰會，並且與企業達成協議。許多環保主義者為自己是內幕人士而感到自豪；他們可以與政治領袖以及企業高層進行複雜的交易。

在一九八〇年代，這種內幕文化導致了一種轉變。一些團體，包括環境防衛基金會，對商業和公司採取了新的立場。在他們看來，「新環保主義」不應該致力於禁止有害活動，而是應該與汙染者建立夥伴關係。環保主義者可以說服企業採取自願措施來改變他們的行為方式。他們要讓汙染者相信，他們可以透過綠色行動——也就是讓生意更加環保——來節省資金與開發新產品。

這種路線反映了隆納·雷根（Ronald Reagan）所領導的美國政府的親商思維（雷根於一九八一至一九八九年擔任美國總統）。根據這種思維，由賺錢動機和市場力量推動的私人解決方案比政府制定的規則更好。

主流的環保運動已經成為「大綠色」（Big Green），它現在的工作原則與一九六〇、一九七〇年代的環保主義不同。新的原則是：

- 不要嘗試取締有毒或破壞環境的東西。

- 不要與商業領袖以及他們所支持的政治人物為敵。
- 戰鬥的規模要小一點。也許可以說服汙染者在做壞事的同時做幾件好事，或者改做稍微不那麼壞的事。然後你就可以說這是雙方的勝利。

儘管如此，並不是每個環保團體都變得對企業友善。較小的草根團體以及少數幾個大型團體仍然把重點放在採取直接的行動來反對環境損害。他們繼續組織抗議活動與提起訴訟。他們鼓勵消費者抵制或停止購買由汙染企業生產的產品。

幸運的是，這個時期的公民大眾比上一代人更熟悉環保主義。從一九七〇年開始，美國和許多其他國家每年四月都會慶祝地球日，作為「保護環境日」。小學生們從小就有地球日的專題活動，比如收集公園裡的垃圾，或者學習關於溼地的知識。「環境」和「生態」這兩個詞出現在越來越多的對話、課堂以及新聞報導裡。拯救鯨魚、大貓熊或雨林的運動似乎每週都會出現。

因此，當「全球暖化」與「氣候變遷」這兩個詞在一九八〇年代末出現在對話和新聞報導中時，很多人已經習慣於思考環境問題。但是，他們沒有遇過任何迫在眉睫的重大氣候危機；到那種時候，側重商業導向解決方案的環保運動將會落得一場空。

二十一世紀的年輕環保主義者

奧爾多．利奧波德與瑞秋．卡森透過他們的暢銷書鼓舞了環保主義者。今天一些年輕運動者也寫書，但是他們也靠遊行、俱樂部、社交媒體和網際網路來傳播他們的訊息與鼓舞人們。

加州聖克利門蒂市（San Clemente）的傑克森．辛克爾（Jackson Hinkle）從十七歲就開始了反對塑膠垃圾的行動。他是一個衝浪者，所以他瞭解海洋中的塑膠汙染問題。隨著他對於水以及人對水的傷害有了更多的瞭解，他發現銷售瓶裝水的公司正在耗盡世界各地人們的當地水源。他還瞭解到，有些塑膠瓶除了有廢棄物的問題，也能構成健康風險。

辛克爾在他所在的加州縣城組織了一次遊行，以反對達科塔輸油管線（Dakota Access Pipeline）；該管線威脅到北達科塔州立石保留地（Standing Rock）蘇族人（Sioux）的水源。（你將在下一章看到更多關於立石保留地與輸油管抗爭的故事。）辛克爾還成立了一個俱樂部，以發起反對塑膠垃圾的活動，並鼓勵人們使用可永續的、可重複使用的不鏽鋼水瓶。

內華達州雷諾市的賽萊斯特·蒂納赫羅（Celeste Tinajero）也加入了一個環保俱樂部。在哥哥的建議下，她在高中時成為「生態戰士」社團的一員。隨後，他們兩人在由「綠色內華達」（GREENevada）贊助的比賽中贏得了第一名。他們用一萬二千美元的補助款翻新他們高中的浴室，使他們的高中更具環境永續性，因為舊的水槽與馬桶會浪費水，也使用了浪費的紙巾。第二年，他們在同一個比賽中贏得了第二名。這一次，他們用補助款向學生們推廣可重複使用的水瓶。蒂納赫羅繼續為當地一個非營利組織工作，設計關於永續生活與減少廢棄物的教育專案。

佛羅里達州邁阿密的德萊尼·安妮·雷諾茲（Delaney Anne Reynolds）曾在小學三年級的時候，跟其他同學一起寫一本關於自然世界的書；這讓她在很小的年紀就踏入環境保護的工作。中學時，她幫學校建立了一個太陽能發電系統。家庭的海洋之旅激發了她對海洋的興趣，她開始研究海洋生物學，這使她對氣候暖化及其對海洋的影響（包括海平面上升）產生興趣。

從那時起，雷諾茲開始與政治人物、當地企業主以及氣候科學家會面，以獲取資訊並討論解決方案。到十七歲時，她已經寫了另外幾本關於環境的兒童讀物。她還在TED青少年大會（TEDxYouth）上演說（可以在網路上看到），並創立了「下沉或浮著」計畫（Sink or Swim），該計畫呼籲採取教育和政治行動，以防止邁阿密因氣候變遷而沉沒在水面之下。

「我需要你們的幫助，」雷諾茲在她的演講中對其他年輕人說，「我需要你們進來參與，要請你們大聲說出來，因為現在是我們這一代人解決這個問題的時候了，我們需要擺脫化石燃料並改變舊的習慣，把政治放在一邊，並且發明新技術。時候已經到了，我們這一代人必須決定，我們要讓地球沉下去，還是浮在水上。」

這些年輕的氣候行動者，以及更多像他們一樣的人，以各種方式分享他們的資訊，從遊行與競賽作品到書籍和網站。他們的成就顯示，即使是學校專題或休閒嗜好這樣微小的開端，也可以變成一場浩大的運動，或甚至成為職業生涯，並發揮跟他們的運動前輩同樣巨大的影響。

這不是人類的天性

《時代》雜誌沒有評選出一九八八年的年度人物，這個榮譽被頒給「年度星球：瀕危的地球」。雜誌的封面顯示了一個用繩子綁起來的地球，在背景中，太陽在血紅色的天空中落下。

「沒有任何人、任何事件、任何運動比我們的共同家園——由岩石、土壤、水與空氣聚合起來的地球——更能吸引人們的想像力或占據新聞頭條。」對於選出地球作為年度星球，《時代》做出這樣的解釋。

三十年後，一位名叫納撒尼爾．里奇（Nathaniel Rich）的記者在為《紐約時報》撰寫的一篇關於氣候危機的文章中，回顧了那個時刻。回到一九八八年，當時全世界似乎真正瞭解到，我們的汙染正在使地球危險的過熱。各國政府正朝著一個艱難的、以科學為基礎的全球協議邁進，以降低溫室氣體排放，並避開氣候變遷的最壞影響。在一九八〇年代，氣候變遷的基本科學原理已經被廣泛理解與接受。

一九八八年是一個分水嶺，那是美國太空總署戈達德太空飛行中心（Goddard Institute for Space Studies）主任詹姆斯．漢森（James Hansen）在美國國會發言的時候。漢森說，「暖化趨勢是真實的」，而且與人類活動有關聯，他對此有「百分之九十九的信心」。他的這項聲明被全世界報導，那時每個人都瞭解到，人類正在導致地球暖化。

與今天不同的是，當時各政黨還沒有分裂成完全對立的陣營。當時看來，全球暖化似乎真的為全世界政治人物搭起一個舞台，讓他們團結起來，拯救那個被《時代》雜誌選出的「瀕危的地球」。事實上，在一九八八年，有數百名科學家與政治顧問在加拿大多倫多集會。在歷史性的「大氣變化世界會議」（World Conference on the Changing Atmosphere）上，他們首次談到了降低排放的目標。一九八八年底，聯合國政府間氣候變遷專家委員會——關於氣候威脅的主要科學資訊來源——舉行了第一屆會議。

當我回顧一九八八年的氣候新聞時，當時看起來一個重大的改變真的已經近在咫尺。然而現在，我把那一年視為一個轉折點，因為很悲哀的是，改變的機會溜走了。美國放棄了它曾協助談判的國際氣候協議。世界上其他國家也將就於寬鬆的規則，即使各國未能履行協議，也沒有真正的懲罰措施。而且可以預見的是，他們也真的沒有履行。

在一九八〇年代末，許多人對氣候變遷的緊迫感和決心後來到哪裡去了？在二〇一八年《紐約時報》的文章中，里奇提出一個理論：「所有事實我們都已知道，也沒有任何障礙擋住我們。也就是說，唯一的障礙是我們自己。」他說，人類「無法犧牲目前的便利，以防止未來的世代被施加懲罰」。

換句話說，今天的人們因為生活舒適，所以不願意改變他們的生活方式，即使這將使未來的每個人遭受損害。里奇說，人類的固定思路是「把長遠的憂慮拋諸腦後，因為現在說沒人能接受。」

這就是用「人類本性」來解釋，為什麼當政府打算採取大規模、有意義的行動來對抗氣候變遷時，會如此失敗。照這種說法，是我們自己放走了解決氣候變遷的最好機會，因為有害的衝擊是在未來，而這件事相較於我們對維持目前生活方式的渴望，顯得並沒有那麼急迫。這種解釋還認為，即使我們的生存可能受到威脅，我們也還是無法應付大型的複雜問題，因為那需要我們所有人共同努力。

但是「人類本性」並不是問題所在。在一九八八年，並不是每個人都舉手投降，說：「哦，好吧，我們什麼也辦不到。」開發中國家的政治領袖當時確實呼籲要採取有法律約束力的行動。原住民族也是如此。

所有跡象都顯示，一九八八年對於抵抗氣候變遷有真正的進展。所以到底是哪裡出了問題？如果人類的本性不是問題所在，那麼問題又在哪裡呢？

這是一個歷史時機錯誤的史詩案例。

正當各國政府開始認真制定對化石燃料的限制時，另一場全球革命也開始高速發展，並使經濟與社會進行重整。這場革命是根據你在第三章中讀到的那三個原則發展起來的——就是這些原則使紐奧良對颶風的準備工作被削弱了。採行這些原則的政府與社會，通常都反對制定相關法規來對公司能做的事情進行限制或控制。他們認為「自由市場」——商品和服務的自由買賣——可以解決大多數的問題。一個相關的理念是，世界上每一個人都應該採取快速消費的生活方式，比如速食、快時尚（fast fashion）、電子產品，以及使用私人汽車而非大眾交通工具與腳踏車。儘管我們知道這種生活方式會產生大量的浪費，但它仍然被視為是好事，因為它能使獲利與經濟成長。

這些觀點最終重新改造了地球上的每個主要經濟體。這些觀點與氣候科學發生衝突；後者告訴我們，有一些未受監管的產業正在使地球升溫。這些觀點也與支持監管的理念相衝突；後者認為，政府應該為了公共利益而對這些產業與公司進行監管。這些觀點還與永續生活的理念相衝突；後者認為，我們全都需要找到製造更少浪費的生活方式。

為了面對氣候挑戰，各國政府原本有必要對汙染者制定嚴格的法規，以減緩溫室氣體的產出。各國政府原本有必要推動大規模的投資計畫，以幫助我們所有人改變我們使用能源的方式、在城市中生活的方式，以及交通移動的方式。但是那將意味著與主流經濟理念迎頭對撞，而那些理念已經變得如此強大。同一時間，各國也簽署了各種貿易協定，使合理的氣候行動在國際法下成為非法——例如支援當地的綠色產業，或拒絕石油管線或其他汙染專案，因為干擾了貿易秩序，都成為非法的了。

我們的地球成為錯誤時機的受害者。就在詹姆斯．漢森把氣候變遷的明確證據呈現給全世界看的同時，企業已經變得如此強大，以至於政府拒絕採取能阻止暖化的必要措施。

而且過了不久，科學家與運動人士在反氣候變遷的戰鬥中，要對抗的已不只是商業利益。他們很快就發現，有人主張這個問題根本不存在。這種說法被稱為氣候變遷否定論。儘管各種科學證據一應俱全，有些人仍然否認氣候變遷的真實性。

否認者與說謊者

當氣候變遷開始成為新聞時，就被大力宣傳不受監管的自由市場的企業智庫視為一種威脅，因為與他們的理念與規劃背道而馳。如果經濟的「一切按照正常」（business as usual）——即建立在燃燒化石燃料的基礎上——真的驅使我們走向可能危及文明的氣候臨界點，那麼他們的宣傳攻勢就不得不急踩煞車了，而不受監管的自由市場其背後理念將失去對人們的號召力。

我們的全球經濟也將不得不停止依賴化石燃料；製造汙染的生產活動將被廣泛禁止，違規者將面臨高額罰款。政府將在世界各地投資新計畫，以重新塑造工業、住房和交通。例如，資金將用於綠色能源計畫，像風電場與鐵路電氣化，而不是用於化石燃料公司的減稅福利。曾由政府經營，但後來被出售或出租給民營企業的資產與服務，諸如公用事業機構、鐵路與印刷廠等，有可能重新回到政府的控制之下。而對一個以市場為基礎的經濟體系來說，最具威脅性的一點是，我們都將不得不質疑，無止境的消費對我們是否真的是好的、是否真的可以永續下去。

氣候變遷的想法本身讓一些人感到相當害怕，他們說這是一個「把美國變成社會主義」的陰謀（但並不是），有些人甚至宣稱，那些警告氣候變遷的人是想偷偷把國家交給聯合國（但是並沒有）。

許多企業智庫不一定相信這些極端的想法，但是他們確實決定支持所有這些想法的核心論述：氣候變遷是假的。或者，就算全球暖化是真的，他們說，那也是一個自然過程，跟人類活動沒有關係。他們發散大量的書籍、文章與免費的學校「輔助教材」來宣傳這個訊息。

這些出版物當中，有的會宣稱氣候變遷是一場騙局，也有些會試著在氣候變遷的科學中找漏洞。他們說，全球暖化的證據是錯的。他們有時會把焦點放在科學家根據新資料而改變預測的例子上，好像那就表示整個氣候預測的想法都是錯的。他們甚至會簡單地指著一場嚴重的暴風雪說：「你看，全球暖化是個騙局，」同時忽視一件事實，即儘管名字裡有暖化兩字，但全球暖化可以使嚴重的暴風雪更容易發生。

有一些科學家支持否認者的觀點，但是這些人只占科學家中非常小的一部分。以二〇一九年而言，世界上百分之九十七以上的氣候科學家都同意，氣候變遷是真實的，以及人類要麼正在促成氣候變遷，要麼正在使其明顯惡化。

其他一些親商的氣候議題出版物會假裝認真看待這些問題，實際上卻採取一種更軟性、更友善的方法來化解那些疑慮。在一些專門為了學校或跟你一樣的孩子而製作的影片或書面資料裡，你或許已經見識過這種手法。科學界與工業界心平氣和地一起解決環境問題——這樣的願景聽起來是不是很熟悉？如果是真的解決就好了，然而那種願景往往只觸及表面的改變。

這種非解決方案有時候被稱為「漂綠」（greenwashing）。一個例子是，一家電力公司花了七百萬美元給家庭發送節能小點子的小冊子，但仍然用燃燒化石燃料來生產百分之九十五的電力。這不表示這些小點子沒有用，但是靠這些小點子不足以解決最大的問題。

同樣的，孩子們在接受環保教育時，常常不是被告知整體產業與經濟體系如何導致氣候變遷，而是被教導個人可以做哪些事來改善，比如資源回收以及多騎腳踏車而不是開車。這些行動當然重要，我們全都需要貢獻自己的一份力量，但是除非這些行動與更大的改變相結合，否則它們不會給企業製造真正的壓力，因此也不會對氣候變遷產生重大影響。基於這個原因，我們最好時時檢查資訊的來源：這些資訊可靠嗎？他們有良好的信用嗎？而且，也許最重要的是，資訊的提供者會不會從他告訴你的事情裡得到一些好處？

一九九〇年，一家洛杉磯的能源公司為了慶祝地球日二十週年，給公司的儲油槽塗上一層新漆——這就是漂綠的典型案例。

誰知道真相？他們何時得知？

不管他們在公開場合與宣傳廣告中說什麼，關在公司大門裡的老闆，以及在能源公司工作的科學家，都知道真相。化石燃料、溫室氣體排放與氣候變遷之間，確實存在關聯性。我們現在知道，能源公司掩蓋了真相，還傳播錯誤資訊。二〇一五年，一個名為「氣候內幕新聞」（InsideClimate News）的得獎新聞組織發表了一些報告，談到了能源產業知道了什麼，以及他們在何時得知。

氣候內幕新聞指出，埃克森公司（Exxon Corporation）幾十年前就知道化石燃料和氣候變遷之間的關聯性。（今天該公司被稱為埃克森美孚公司（ExxonMobil）。它是世界上最大的石油與天然氣公司。）一九七七年，埃克森公司的一位科學家告訴公司高層：「科學界普遍認為，人類影響全球氣候最可能的方式，是以燃燒化石燃料的方式釋放二氧化碳。」換句話說，埃克森公司自己的產品正在使地球暖化。

一年後，這位科學家為埃克森公司的科學團隊與經理人寫了一份更詳細的報告。它警告說，人類很快就會需要改變對能源的規劃及使用方式。

一開始，該公司並沒有否認氣候變遷，埃克森公司甚至還啟動了一個認真的研究計畫，以便深入瞭解氣候變遷。公司的科學家研究了二氧化碳排放對大氣和地球的影響。埃克森公司甚至在一艘油輪上安裝了科學儀器，以研究海洋是否因溫室氣體增加而暖化。

埃克森公司的科學家們還協助開發新的軟體程式，以模擬氣候變遷。由該公司所執行或出資的一些研究，甚至曾在一九八〇年代初期發表在科學期刊上。

但是有兩件事改變了埃克森公司對這個問題的態度。首先，一九八〇年代中期全球油價下跌，公司的獲利也跟著下降。它資遣了許多員工，包括一些氣候研究人員。其次，在一九八八年，美國太空總署的科學家詹姆斯．漢森對美國國會就化石燃料與氣候變遷的問題提出警告。在那次聽證會上，科羅拉多州的參議員提姆．維爾斯（Tim Wirth）說：「國會必須開始考慮，我們該如何減緩或阻止這種暖化趨勢」。這讓能源業界感到震驚，這句話暗示著，政府也許會制定新的法規，對企業的衝擊可能比企業自願承受的程度更大。

突然間，埃克森公司——就跟所有其他大型能源公司一樣——開始說氣候變遷的科學並不是清楚的或確定的。他們主張，在沒有「更多資訊」的情況下採取激烈的行動，將是愚蠢的。一九九七年，埃克森公司的執行長說，「我們需要更深入地瞭解這個問題，而且幸運的是，我們還有時間。無論我們現在還是二十年後再制定政策，對於下個世紀中葉的氣溫都非常不可能產生顯著影響」。

但是能源公司知道這不是真的。美孚公司的一個科學團隊在一九九五年寫了一份報告，並與其他能源公司分享。報告指出：「溫室效應的科學基礎，以及人類的溫室氣體（如二氧化碳）排放對氣候的潛在影響，都已充分確立，不容否認。」

儘管如此，能源公司還是發動了重大攻勢，以製造氣候懷疑的迷霧，如果還不到直接了當的氣候否認的話。他們的目標是阻止政府對溫室氣體排放制定更嚴格的限制，或對未來的石油、天然氣和煤炭開採制定新的規則。同時，這些公司努力讓他們的公共形象散發綠色的光輝。從一九八九年到二〇一九年，世界上最大的五家石油公司花費了三十六億美元在廣告上，吹噓他們為環境方面所做的努力；例如，埃克森公司談到它如何在德州採購太陽能和風力發電。但是埃克森公司沒有說的是，它用這些電力來鑽探更多的石油。儘管有這些漂綠工作，石油公司仍繼續把獲利置於人類與地球之上。

我們能做任何事來限制這個強大的化石燃料產業嗎？從一九九〇年代發生在強大的菸草業身上的事情，我們或許可以看到一個答案。當時，關於菸草的科學證據很清楚：它對人類健康有嚴重危害。但是證據顯示，很長一段時間以來，菸草業早已知道菸草的這些有害影響，比如肺癌。菸草公司掩蓋了這些知識，因為他們希望人

二〇一五年，這些年輕的「埃克森知道」遊行的參與者也知道——埃克森公司掩蓋了關於化石燃料和氣候變遷的真相。

們繼續抽菸或開始抽菸，這樣公司就可以繼續賺錢。

因此，國會對菸草業進行了調查。這項國會調查導致了對菸草的銷售進行更嚴格的監管，也使菸草公司遭到法律訴訟以及付出鉅額賠款。

大菸草公司遇到的事情，也會發生在大石油公司身上嗎？在調查記者查出石油與天然氣業者掩蓋其對氣候變遷的研究後，國會於二〇一九年十月邁出了調查石油業的第一步。一個委員會舉行了一場聽證會，以檢視石油業如何掩蓋氣候變遷的真相。一位委員會成員，眾議員亞歷山卓雅・奧卡西奧-科爾特斯（Alexandria Ocasio-Cortez）詢問了一位曾在一九八〇年代與埃克森公司合作的氣候科學家。她詢問了埃克森公司一九八二年一份已曝光的備忘錄。文件包含一項預測，即到二〇一九年全球氣溫將上升攝氏一度——而且預測正確。「我們是優秀的科學家，」這位科學家說。他知道他們的預測已經成為現實。

國會的調查仍在進行中，但是有一點是明確的：埃克森公司是知情的。而且不只這一家公司如此。殼牌公司（Shell）是一家主要的國際能源公司，總部設在荷蘭。在二〇二〇年，殼牌公司的負責人告訴記者：「是的，我們當時就知道。所有人都知道。但是不知怎麼回事，我們全都忽略了這一點。」

當運動人士在「埃克森知道」的旗幟下集會時，紐約州對埃克森公司提起了訴訟，主張該公司在氣候變遷的成本和風險方面向投資者提供了虛假或誤導的資訊。二〇一九年年底，該案以埃克森公司勝訴告終，但是對能源業的法律戰才剛剛開始。

埃克森公司、英國石油公司（BP）、雪佛龍（Chevron）以及其他公司正面臨著幾十件訴訟。其中一些訴訟指控這些公司欺騙了大眾。另一些訴訟則指責他們造成了城市與各州因氣候變遷而蒙受的損失。部分訴訟要求這些公司支付為了適應氣候變遷的相關費用，比如為受到潮汐上升威脅的沿海社區建造海堤。

其他國家的人們也在對這個產業提出法律挑戰。例如在荷蘭，一萬七千名公民對殼牌公司提起了訴訟。

能源公司透過隱瞞資訊造成了多大的傷害，以及他們應該為此付出怎樣的代價，這個問題將在世界各地的法庭上爭論多年。

反對大石油公司的運動者

在針對主要能源公司的訴訟在法院系統中進行的同時，抗議者並沒有閒著。他們正在採取直接行動，呼籲大眾注意大石油公司在氣候危機中扮演的角色。

二〇一九年九月，在德州休士頓市，綠色和平組織的運動者在一座橋上掛起飛舞的布條，並用安全吊帶把自己懸吊在一條航行通道上。紅色、橘色與黃色的橫幅代表「石油時代的黃昏」，綠色和平組織說。

這條通道是油輪主要運輸路線的一部分。在美國提煉的石油中，約有百分之十二經過這條水道。運動人士的封鎖行動使水道部分關閉，使船隻無法通行達十八小時之久。他們做出了一項宣示。

但是德州之前通過了一條新法律，規定在油管或任何其他被認為是天然氣與石油工業的重要設施附近進行抗議是非法的，因此超過十個人遭到逮捕。其他一些州也通過了類似的法律，好讓抗議者無法發聲。立法者經常宣稱，這些法律是為了保障抗議者的安全，讓他們離燃料洩漏等可能的危險遠一點。活動人士則說，這些法律顯示，對一些政府來說，商業利益比個人權利與地球健康更重要。

但是年輕的運動者並不畏懼。在一場哈佛和耶魯——美國兩所最菁英的大學——之間的橄欖球比賽中，兩校數百名學生與校友離開看台，以抗議他們學校對化石燃料的投資。他們衝進球場，將比賽拖延了一小時，並高聲呼喊：「嘿嘿！吼吼！化石燃料必須走！」

幾個月後，一家曾代表埃克森公司的律師事務所舉辦了一場活動，遭到哈佛大學法學院的學生示威抗議。抗議者打出「放棄埃克森」的標語，鼓勵年輕的律師們追隨他們的榜樣，拒絕為任何從汙染企業那裡拿錢的公司工作。像今天許多其他運動者一樣，他們把抗議活動直播到網路上，以確保他們的聲音被聽見。

二〇二〇年一月初，在蘇格蘭，環境與氣候組織「滅絕叛亂」（Extionction Rebellion）展開了一系列「抗議化石燃料產業以及其在氣候危機中的促進作用」的行動。包括許多年輕人在內的抗議者封鎖了阿伯丁港（Aberdeen）殼牌公司總部的入口；警方稱此為和平抗議。另外一些抗議者爬上了停泊在丹地港（Dundee）的一個石油鑽井平台，該鑽井平台原預定被拖到海上供殼牌公司使用。有七個人後來出庭面對占領鑽井平台的指控。

雖然「滅絕叛亂」運動者沒能阻止鑽井平台的啟動，但是他們確實得到機會對報紙與電視記者解釋，為什麼他們認為阻止在蘇格蘭周邊鑽探石油是重要的事。

雖然大型示威活動或危險動作確實會吸引人們的注意，但這並不是傳達資訊的唯一途徑。大多數年輕的運動者專注於其他同樣堅決的行動，比如給立法者和選舉候選人寫信，參與學校罷課遊行，以及研究氣候資訊並與同伴和家人分享。這些行動也會提高人們對氣候變遷的關注，並激發他們的行動。二〇一九年的一份研究發現，當父母對氣候變遷的嚴重性持懷疑態度時，最有機會改變他們想法的人，就是他們自己的孩子。行動主義不一定非得高度戲劇化才有意義。

一個新的啟動

再想一下一九八八年那個轉折點，當美國國會聽到一則關於人類造成氣候變遷的陳述。想像一下，如果當時世界各國聚集起來，採取真正的行動來減少溫室氣體排放，那麼今天的氣候危機將不那麼嚴重，我們在防止災難的工作上會更有進展。再想像一下，如果這些步驟甚至更早就被採行，在一九七七年，當埃克森公司的一位科學家首度與他的老闆們談到化石燃料與溫室氣體的問題時。

由於親商思想的強大影響，我們失去了本可以用來降低排放的整整幾十年的時間。我們本來可以大大降低氣候變遷最壞衝擊未來出現的機會。

我們現在無法改變這一點了。這是壞消息——而且你有權利感到憤怒。

好消息是，今天我們對氣候變遷還是有很多事情可以做。

一九八八年的問題並不是「人類的本性」——那不是我們能改變的東西。正如我們所看到的，問題在於公司和政府的政策，它們重視市場和獲利更甚於重視人與地球，而這一點是我們可以質問、挑戰和改變的事情。

在美國和其他許多國家，一場年輕且不斷發展的運動正在興起。年輕人所做的不僅僅是對現在的汙染者和政治人物說「不」。他們不接受漂綠、宣傳或氣候否認，他們正在規劃和爭取一個更好的未來。前幾代運動者專注於環境和氣候問題的徵狀，而你們這一代所瞄準的，則是那個把獲利看得比生命與我們氣候未來更重要的體制本身。

學校罷課與其他少年運動所傳達的訊息是，許多年輕人已經準備好迎接這種深度改革。他們正在呼籲一種新的政治和新的經濟，有新的價值觀，並基於正義與世界的碳預算（carbon budget）而決策。「但這是不夠的，」格蕾塔．童貝里說。「我們需要一種全新的思維方式……我們必須停止彼此競爭。我們需要開始合作，並共享剩餘的資源」。

今天跟一九八八年不一樣，不只是因為我們在氣候危機中又多過了幾十年。不同之處在於，你們這個世代對深度改革有強烈的堅持。少年氣候運動和其他由少年領導的反種族與性別暴力、反歧視運動是強大的力量，推動我們所有人走向一個更美好的未來。

第六章

保護他們的家園——與這個星球

一位粉紅色頭髮、表情嚴肅的科學家來到舊金山做了一次演講。

他的名字叫布拉德・維爾納（Brad Werner），是加州大學聖地牙哥分校的一名研究員。那是二〇一二年十二月，兩萬四千名科學家前來參加一場會議。會議日程表上有滿滿的講座，但是維爾納的講座因為主題的緣故吸引了很多人的注意。他要談的是「地球的命運」。

站在會議室的最前面，維爾納向大家介紹了他用來作預測的先進電腦模型。對那些剛接觸維爾納研究主題——複雜系統理論——的人來說，很多細節是很神祕的。（系統理論是研究由許多部分相互作用而構成的複雜系統。複雜系統的一個例子是天氣：它是由溫度、氣流、洋流、地理等因素相互作用而形成的。）

不過，維爾納演講的基本要旨非常清楚：全球經濟是建立在化石燃料能源、自由市場經濟以及消費主義之上；這樣的體制使地球的資源很容易被消耗——因為太過容易，以至於地球資源與生態系統，以及人類消費這兩方面之間的平衡正在變得不穩定。

但是維爾納的複雜模型中有一個部分提供了希望，他稱之為「抵抗」。他指的是那些行動不符合主流經濟文化的人或團體的運動。這些行動可能包括環境抗議、封鎖，以及由原住民族、工人與其他人發起的大規模反對運動。最有可能讓一個正在失速的經濟機器放緩下來的辦法，就是抵抗運動。正如維爾納所說的，這將給機器增加「摩擦力」——也就是給機器的齒輪添加砂粒。

維爾納指出，過去的社會運動曾經改變主流文化的方向。廢奴運動結束了奴隸制，民權運動為美國黑人贏得了法律平等。由於他們讓國家領導者看到，許多人不僅僅是支持，而且還要求變革，所以這些運動使新法律得以通過，使變革得以實現。維爾納說：「如果我們要思考地球的未來，以及我們與環境結合的未來，則我們必須把抵抗包括在內，作為這種動態關係的一部分」。

換句話說，現在只有社會運動才能扭轉氣候變遷的趨勢。

隨著氣候危機變得越來越急迫，這些運動也正在加速進行。年輕人不只是單純地加入運動。他們常常是在領導方向。

這一章仔細研究了最近的幾個抵抗氣候變遷與氣候不正義的行動，其中每一項行動都牽涉年輕人；他們想要保護他們的家園，並在這樣做的同時協助拯救地球。他們每個人都是齒輪中的一粒砂，都在對當前的經濟理念以及建立在化石燃料上的產業——我們目前的危機很大程度都由此而來——提出他們的挑戰。這些運動者站起身來，大聲疾呼，並測試著反抗的力量。他們畫出了一些可以帶著我們走向更好的氣候未來的道路。

黑爾楚克人：說不的權利

貝拉貝拉（Bella Bella），也稱為瓦格里斯拉（Waglisla），是加拿大劃定的黑爾楚克人（Heiltsuk）保留區；英屬哥倫比亞省海岸上有許多原住民族，黑爾楚克人是其中之一。這是一個偏遠的海島社區，有深邃的峽灣，以及一路延伸到海邊茂密的常綠森林。二〇一二年時，這裡有一九〇五名居民。四月裡有一天，大約三分之一的人走上貝拉貝拉的街道。這一天有個三人審查小組飛到鎮上，要為一條輸油管線舉行公聽會。

加拿大偏遠的貝拉貝拉島小鎮，其生計仰賴它周圍的水域。當這些水域受到威脅，社區就起而反抗。

這條管線是由加拿大安橋公司（Enbridge）規劃的；它是一家興建輸油管線與儲油中心的公司。規劃中的管線被稱為「北方閘道」（Northern Gateway），它將穿過加拿大西部，從隔壁亞伯達省（Alberta）的艾德蒙吞（Edmonton）延伸到英屬哥倫比亞省的海邊，長達七三一英里（一一七六公里）。在海岸上，從亞伯達省的油砂（tar sands）中提煉的石油將被儲存起來，裝載到遠洋油輪上，再運往世界各地。這條管線每天將輸送五十二萬五千桶石油。

剛剛抵達的審查小組將告訴加拿大政府，這個計畫是否應該繼續進行。幾個月來，這個小組一直在管線與油輪將通過的各個地方舉行公聽會。現在，小組成員已經到達管線終點。

貝拉貝拉位於「北方閘道」將接觸海岸處的南方一二四英里（二百公里）。但是作為該鎮前院的太平洋水域卻在這些油輪將要通行的路徑上。這些水域裡布滿了島嶼和岩礁。海水會隨著海流的變化而產生渦流。而那些油輪將是巨型的船隻，它們可以裝載比埃克森．瓦爾迪茲號（Exxon Valdez）多百分之七十五的原油——這艘油輪曾於一九八九年在阿拉斯加水域石油外洩，造成廣泛且長期性的環境災難。

貝拉貝拉的黑爾楚克人對於石油洩漏可能發生在他們的水域深感憂慮，而且他們準備讓審查委員會知道他們的擔憂。

一整列穿戴傳統刺繡長袍、頭飾以及雪松編織帽的黑爾楚克酋長，在機場以舞蹈歡迎審查委員，鼓手和歌手為他們助陣。一大群示威者在鐵絲網後方等待，他們手持獨木舟槳與反對輸油管線的抗議標誌。

在酋長們的身後，站著一位名叫潔西．霍斯蒂（Jess Housty）的二十五歲女性，是她鼓舞了社區來面對審查小組。對霍斯蒂來說，機場這一幕是「我們整個社區非常努力規劃的成果」。但是領導的都是年輕人，他們把學校變成一個策劃中心；他們研究了輸油管線以及油輪漏油的歷史，他們繪製了抗議標語，寫了一些文章，說明如果他們的水域發生漏油事件，不僅會破壞生態系統，而且還會損害他們的生活方式。黑爾楚克人的古老文化與現在的生計都跟生態系統密切相關，其中鯡魚和紅鮭魚尤其重要。教師們說，從來沒有一個議題像輸油管線規劃案那樣使社區的年輕人全力投入。

「作為一個社群，」霍斯蒂後來說，「我們準備秉持著尊嚴與正直挺身而出，為這片土地與水域作見證——這片土地與水域養育了我們的祖先，養育了我們，我們認為應該也要養育我們未來的世代。」

高度的社群參與使接下來發生的事更加令人難以接受。審查小組拒絕了預定於當晚舉行的宴會邀請，還取消了社區已經準備了好幾個月的輸油管線公聽會。

為什麼？

到訪者說，他們在從機場到鎮上五分鐘的車程裡感到不安全。他們經過了數以百計的人，包括許多兒童，他們舉著標語：**石油是死亡，我們有說不的道德權利，讓我們的海洋保持藍色，以及我不能喝石油**。一名抗議者認為小組成員懶得看窗外，所以當他們的廂型車經過時，他拍打了一下車的側面。小組成員是否把他的拍打誤認為是槍聲，像有些人後來說的那樣？不過當時在場的警察說，抗議活動並不暴力，沒有任何人的安全受到威脅。

許多黑爾楚克公民對他們抗議的精神被如此誤解感到震驚。他們覺得，當小組成員從車窗向外看時，他們看到的只是一群「憤怒的印第安人」，只想向任何與輸油管線有關的人發洩憤怒。然而，他們的示威主要是關於愛——關於他們對自己家園和整個生活網絡的愛，在世界上一個美得令人讚嘆的地方。

最後，公聽會還是舉行了，但是社群損失了一天半的排定時間。許多人沒有機會親自發表意見。

儘管如此，潔西．霍斯蒂——作為被選入黑爾楚克部落委員會的最年輕的成員——還是花了一整天的時間趕到另一個城鎮去對審查小組發言。她的訊息是清楚的：

原住民運動者是阻止加拿大「北方閘道」輸油管的主要力量，如同二〇一二年這一場在英屬哥倫比亞省維多利亞市的抗議活動所示。

當我的孩子出生時，我希望他們出生在一個希望跟改變有可能實現的世界裡。我希望他們出生在一個說故事仍有力量的世界裡。我希望他們長大後能夠成為一切意義上的黑爾楚克人。我希望他們能實踐習俗，並理解使我們民族幾百世代以來保持強大的身分認同。

但是如果我們不維持我們的領域、土地與水域的完整，以及將我們的民族與地景連結起來的經營實踐，這些事就不可能發生。我謹代表我社群的年輕人鄭重聲明，如果我們喪失了身分認同，喪失了作為黑爾楚克人的權利，那是不可能有任何補償可言的。

在英屬哥倫比亞省舉行的公聽會上，有一千多個人對審查小組發言，當中只有兩個人支援該輸油管線。一項民意調查顯示，英屬哥倫比亞省十個人裡有八個人不希望他們的海岸線上有更多的油輪。

那麼審查小組向加拿大聯邦政府提出什麼建議呢？管線計畫應該繼續進行。許多加拿大人認為，這清楚地顯示，這個決定是關於金錢和權力，而不是關於環境或人民的意願。

政府在二〇一四年批准了這條管線。然而，預計建造「北方閘道」的安橋公司必須滿足二百零九項條件，例如擬定保護馴鹿棲地的計畫，並與黑爾楚克人以及其他將受到管線影響的原住民進行協商。

然而，對該公司來說，一個更大的障礙是大部分民眾並沒有停止對管線抗議。許多原住民團體聯合起來反對「北方閘道」，他們仍然擔心漏油事件會破壞土地、野生動物、弗雷澤河（Fraser River）以及沿海水域。他們的擔憂是合理的。加拿大能源監管局（Canada Energy Regulator）是負責監控加拿大石油或液化天然氣輸送管線的政府機構；從二〇〇八年到二〇一九年，每年有五十四到一百七十五起石油洩漏、溢出或起火的紀錄。

環保組織、原住民和公民團體把他們的抗議帶上法庭，以訴訟的方式阻止管線的建設。這些案件在英屬哥倫比亞省和加拿大的聯邦司法系統中進行了審判。二〇一六年，聯邦上訴法院推翻了政府對該管線的批准。法院說，安橋公司沒有就該管線計畫與原住民進行適當協商。

最後，在這次勝利之後，安橋公司停止爭取這條石油管線。二〇一九年，該公司表示並不打算重啟「北方閘道」計畫，它將把重點放在較小的管線上。

每條管線都有風險，正如安橋公司公司所深知。二〇一〇年，它的一條管線發生大規模洩漏，從油砂提煉的重油汙染了密西根州卡拉馬祖河（Kalamazoo River）長達四十英里（六十四公里）的段落。清理工作耗時多年，花費超過十億美元。安橋公司為索賠與罰款一共支付了一·七七億美元。

但至少對黑爾楚克人來說，新管線的威脅已經成為過去式了。那裡的人們伸張了他們說不的權利，並贏得了一場勝利。

立石保留區：水資源的保護者

就跟「北方閘道」的故事一樣，立石保留區的故事也是一個關於管線與抗議的故事。

儘管抗議活動後來發展為包括環保人士、退伍軍人、名人以及來自世界各地的人，但這個運動是從原住民開始的。故事的核心是北達科塔州的立石蘇族不顧一切地想要保護他們的土地——特別是他們的水源。

一家名為能源傳遞（Energy Transfer）的德州公司想建造達科塔輸油管線（DAPL），好把北達科塔州的油田與伊利諾州的一個石油儲存中心連結起來。這條長達一一七二英里（一八八六公里）的管線將被埋在地下。它將穿過數百個湖泊或河道的下方，包括密蘇里河、密西西比河和伊利諾河。達科塔輸油管線管徑為三十英

北達科塔州立石蘇族的水資源保護戰吸引了來自世界各地的支持者，包括加拿大多倫多的原住民抗議者。

寸（七十六公分），每天可輸送多達五十七萬桶石油。

輸油管線的風險是眾所周知的。當由於生鏽或其他損壞而發生洩漏，石油或液化天然氣會溢流到土壤或水中，對人類與野生動物是危險或有毒的。這種汙染可能持續多年。而且由於這些物質是易燃的，在管線洩漏或故障之處可能會發生火災。美國運輸部的「管線與危險材料安全管理局」負責監測美國的輸送管線，從二〇〇〇年到二〇一九年，他們記錄了一二三一二起事故。這些事故導致三〇八人死亡，一二二二人受傷，以及九十五億美元的損失。

儘管有這些風險，能源傳遞公司聲稱達科塔輸油管線將是安全的。他們說，在管線經過的北達科塔州、南達科塔州、愛荷華州以及伊利諾州，管線的修建將創造數千個短期就業機會以及多達五十個固定的工作機會。

起初，管線預設在北達科塔州的俾斯麥市附近通過，但是美國陸軍工兵部隊拒絕了這個計畫，因為他們擔心管線的洩漏會汙染該市的供水。一個新計畫是讓管線沿著立石蘇族保留地的北端鋪設；該保留地橫跨兩個達科他州的邊界。

現在，達科塔輸油管線不再威脅一個主要由白人居住的城市，而是威脅到歐阿希湖（Lake Oahe），它是立石蘇族人唯一的飲用水源。他們的聖地與文化遺址也將面臨危險，這就是毫不掩飾的環境種族主義。

管線經過的許多地方都有人抗議，立石保留區長期且堅決的抗議活動更是吸引了全世界的注意。當律師團隊與環保人士試著用法律理由來阻止或延後輸油管線計畫時，二〇一六年四月，立石的年輕人發起了反達科塔輸油管線的抗議活動（NoDAPL）。他們呼籲全世界加入他們，一起阻止管線的建設。

該部落的官方歷史家拉多娜·勇敢牛·阿拉德（LaDonna Brave Bull Allard）在她的土地上為這場抵抗運動設置了第一個營地，它被稱為聖石營（Sacred Stone Camp）。這個運動的口號，在拉科塔（Lakota）語言中，是**Mni wiconi**——「水就是生命」。抗議者自稱為水的保護者。

人們來到聖石營與周邊營地，組織他們的抗議活動，也在這裡工作、傳授與學習。對於原住民青少年來說，這些聚會是一種與他們自己的文化更深入地連結，一種在土地上生活、遵循傳統與儀式的方式。對於非原住民來說，這是一個學習他們不擁有的技能和知識的機會。

勇敢牛．阿拉德看著她的孫子們教非原住民如何砍柴。她教導數以百計的訪客她認為是基本的生存技能，像如何用鼠尾草作天然消毒劑，以及如何在北達科塔州的猛烈暴風雨中保持溫暖與乾燥。她說，每個人都需要「至少六塊防水布」。

當我到達立石保留區時，勇敢牛．阿拉德告訴我，她已經明白，儘管阻止輸油管線至關重要，但是在聖石營中有更重要的事情正在發生。人們正在學習與土地共同生活。實用的技能，比如為幾千人烹煮與供應食物，本身是令人鼓舞的，但是參與者也沉浸在原住民的傳統和儀式之中；後者是她的民族堅決保護的，儘管數百年來原住民文化一直受到攻擊。到營地裡來，就是團結在一個共同的目標之下，並以新的方式進行傳授與學習。從非暴力研討會到圍著聖火打鼓，許多這類知識都透過訪客的社交媒體被分享給全世界。

對輸油管線的抵抗仍在繼續，甚至當管線公司僱用的安全人員對水源保護者放出攻擊犬時也不停止。但是在二〇一六年的秋天，事情變得更糟了；士兵與鎮暴警察強行拆除了一個直接位於油管路線上的營地，對抗議活動的攻擊也沒有在此止步。一個月後，在寒凍的天氣裡，警察用水炮把護水者打得全身溼透。在當時，這是最近歷史上美國公權力對示威者一次最暴力的對待。

北達科塔州的州長接著升高壓力，下令在十二月初要將營地完全清除。這場運動即將在武力下遭到粉碎。

我跟其他許多人前往北達科塔州，與護水者站在一起。一個由大約兩千名退伍軍人組成的車隊也加入了反抗的行列。他們說，他們曾發誓要服務與保護憲法，但在

儘管被執法單位的水炮打得渾身溼透，但是立石的抗議者仍在冰冷的氣溫下堅守陣地。

看到和平的原住民護水者遭到粗暴毆打、被橡皮子彈與胡椒噴霧襲擊、被水炮掃射的影片後，這些退伍軍人決定他們現在有責任站出來，以對抗這個曾將他們送上戰場的政府。

當我到達時，營區規模已經發展到約一萬人。參與者住在露營帳篷、印地安圓錐帳與蒙古包帳篷裡。主營地就像蜜蜂窩那樣井然有序，義務服務的廚師提供膳食，許多小組聚集起來討論政治。鼓手們聚集在聖火周圍，照顧著火焰，以使它不會熄滅。儘管面臨威脅，但是抗議者們完全不離開。

十二月五日，在幾個月的抵抗之後，護水者得知，巴拉克·歐巴馬總統的政府拒絕發給能源傳遞公司一項許可證，使該公司無法在歐阿希湖處的密蘇里河底下鋪設管線——這是最後還沒完成的段落之一。

我永遠不會忘記訊息傳來時我在大本營的經歷。我剛好跟托卡塔·鐵眼（Tokata Iron Eyes）站在一起；她是一名立石的十三歲少女，反管線運動最早的發起人之一。我播放手機影片，問她對這個最新消息的想法。她說：「好像拿回了我的未來，」然後她突然哭了起來。我也是。

這場戰鬥似乎贏了——但真的贏了嗎？

歐巴馬只剩下幾個禮拜的總統任期，共和黨人唐納．川普（Donald Trump）已經獲選為下一任總統。眾所周知，他對石油與天然氣產業非常友好，而能源傳遞公司的高層也給他的選戰捐了大筆獻金。一些抗議者擔心他們的勝利會被搶走，所以他們繼續留在營地裡。

他們是對的。

二〇一七年一月，川普推翻了歐巴馬的決定，該管線將繼續進行。二月底，士兵與執法單位移除了留下來的抗議者。達科塔輸油管線完工了，管線於六月開始營運。二〇一八年初的一份報告說，在二〇一七年，它至少洩漏了五次。

管線完成了，但是立石蘇族人繼續上法庭提出控告。二〇二〇年六月，一名聯邦法官裁定，在批准該管線時，美國陸軍工兵部隊違反了《國家環境政策法》，沒有適當報告該工程的潛在危險性。法官下令管線關閉，直到完整的環境評估完成為止——這個程序可能需要好幾年。這個裁決對立石蘇族人以及所有參加反達科塔輸油管線運動（NoDAPL）的人來說，是一個艱苦的勝利。

同一時間，來自輿論的壓力使投資者撤資——達科塔輸油管線計畫的銀行融資被撤走約八千萬美元。對抗議者來說，要求銀行與其他金主撤資並不總是真能擋住這些化石燃料計畫，但是會讓出資者更不願意支持未來的類似計畫。同時，立石蘇族人也有幾個計畫正在進行；他們要用乾淨的太陽能為他們的社區供電，而不是使用會威脅到他們水資源的化石燃料。

在立石的那幾個月裡，水資源保護者創造了一種抵抗模式，在說「不」的同時也說「好」。對當下的威脅他們說「不」，但是對建立一個我們想要、也需要的世界，則說「好」。

拉多娜·勇敢牛·阿拉德說：「我們在這裡是要保護地球和水。這就是我們還活著的原因，為了做我們正在做的這件事，為了幫助人類回答一個最迫切的問題：我們如何才能再一次與地球共存，而不是與地球對抗？」

為了未來而長跑

當愛麗絲．布朗．水獺（Alice Brown Otter）站在好萊塢奧斯卡頒獎典禮的聚光燈下時，她才十四歲。差不多兩年前，在二〇一六年八月，她從北達科塔州跑了一五一九英里（二四四五公里）到華盛頓特區。

布朗．水獺屬於一群大約三十名的年輕原住民，他們帶著一份有十四萬人簽名的請願書跑步抵達美國首府。這份請願書要求陸軍工兵部隊停止達科塔輸油管線的施工，因為如果管線在立石蘇族保留地附近發生洩漏或溢流，可能會汙染該保留地唯一的水源。

那次長跑並不是布朗．水獺第一次的行動主義，也不是最後一次。她解釋說：「作為一個人，為賴以生存的地球挺身而出是很正常的。來到這裡實際上是一份禮物。我們只是還地球一點東西。」她認為年輕人應該在決策中有更多的發言權，「以後我們也將是成年人。」

二〇一八年初，在川普總統允許管線完工一年後，布朗．水獺是受邀到好萊塢參加年度奧斯卡頒獎典禮的十位運動人士之一。他們與歌手「凡夫俗子」

（Common）以及安德拉．戴（Andra Day）一起上台；後兩人是電影《黑白正義》（*Marshall*）的主題曲〈挺身而出〉（*Stand Up for Something*）的主唱人，電影則是關於民權運動領袖與最高法院法官瑟古德．馬歇爾（Thurgood Marshall）的故事。

布朗．水獺說，「一開始真的很緊張，但是跟很多人一起站在舞台上，每個人奮鬥的事業不同，但又要求同一件事——要世界有不同的改變。那真是一次神奇的經歷。」她的經驗顯示，做出改變有時候單純只意味著你把左腳踏到右腳之前，然後再把右腳踏到左腳之前，如此一步又一步地走下去；而且你可能會驚嘆這條抗議之路能把你帶到多遠的地方。

朱莉安娜案：小孩們上法庭

小孩子可以控告美國政府沒有對氣候變遷採取行動嗎？二十一名年輕人在二〇一五年提出了這個問題：他們發起了一件氣候訴訟案「朱莉安娜控告美國政府」。

來自十個州的年輕人在俄勒岡州的美國地方法院對政府提起訴訟；俄勒岡州是

十一名原告——訴訟提起人——的家鄉。該案件的名稱來自於其中一名原告，凱爾西·朱莉安娜（Kelsey Juliana）。法律服務則是由一個支援保育與氣候正義的法律團體提供；該團體相信，年輕人有權在將改變他們未來的問題上發聲。

他們的訴訟案主張：政府幾十年來一直知道，化石燃料產生的二氧化碳汙染一直在導致「災難性的氣候變遷」，然而政府繼續讓氣候變遷越來越糟。政府還協助與鼓勵更多的化石燃料開採，包括在政府機構管理的公共土地上。

訴狀說，政府的行為侵害了美國憲法所保障的權利。這些行為妨礙了年輕人的「國民基本權利，即免於會造成生命、自由與財產損害的政府作為」。他們還主張，政府違背了它作為公共土地管理者的職責。

訴訟中列出每個年輕人由於氣候變遷而遭受的傷害與損失。訴訟同時也提出氣候變遷是人為造成以及政府對此已經知情的證據。原告之一是詹姆斯·漢森的孫女，他是你在第五章裡讀到的那位著名的氣候科學家。他也在本案中作證。

孩子們的訴求是什麼？他們主要要求法院做三件事。第一，命令政府停止違反憲法。第二，宣布在俄勒岡州海岸進行的名為約旦·可夫（Jordan Cove）的化石燃料開發計畫是違憲的，必須停止。第三，命令政府準備一個降低化石燃料排放的計畫。

該訴訟是在二〇一五年八月提出的，然後是一系列漫長而複雜的法律行動與攻防。一路下來，巴拉克．歐巴馬與唐納．川普兩位總統的政府曾多次設法讓此案被法院撤銷。

但是他們沒有成功。經過幾次推遲，審判最終定於二〇一八年十月舉行。川普政府向美國最高法院申請該案停止訴訟或再度延後，但是法院裁定該案將如期進行。（案件將按原定計畫在一個下級的聯邦法院進行，而不是在最高法院進行。）來自紐約的維克．巴雷特（Vic Barrett）是提起訴訟的二十一名年輕人之一，他說：「本案關係到我與其他原告的憲法權利，我很高興美國最高法院同意在審判中對這些權利進行審理。隨著氣候變遷對我們的傷害越來越大，這個訴訟案每天都變得更加急迫。」

然而政府並沒有收手。再度地，該案被延期了。這一次，川普政府的律師把中止或延後審判的請求轉到一個下級法院，即第九巡迴上訴法院。該法院發出一個稱為「暫緩開庭」（stay）的命令。在第九巡迴上訴法院的三名法官聽取辯論，以決定該訴訟是否應繼續進行的期間，審判將被擱置。

法律上的來回攻防耗去了二〇一九一整年的時間，但是由青少年領導的氣候組織「零時」（Zero Hour）並沒有坐著等待。他們發起一項行動，要求全國各地成千上萬的年輕人在「法庭之友」（friend of the court）文件上簽上他們的名字，以聲援朱莉安娜訴訟案的年輕人。＊其他組織與運動團體也進行了同樣的活動。法庭一共收到了十五份這樣的文件。

二〇二〇年一月，第九巡迴上訴法院由三位法官組成的審判團就該案件是否可以繼續進行做出了裁決。審判團同意年輕的朱莉安娜原告的觀點，即氣候變遷是真實的。然而，三位法官中有兩位裁定，對於他們因為氣候變遷而遭受的損失與傷害，其補救措施的給予超出了聯邦法院的權限。他們的書面意見說，「裁判團不情願地做出結論，原告的訴求必須向政治部門或廣大選民提出」。

換句話說，這兩位法官告訴孩子們，這些話應該去對國會、總統或選民說。

第三位法官則不同意。她在不同意見書中寫道：「這就好像一顆小行星向地球飛

＊譯註：「法庭之友」是英美法制度，指非訴訟當事人為協助法院判決，可在法院同意下提供的意見書。臺灣屬大陸法系，沒有這種制度。

來，而政府決定關閉我們僅有的防衛系統。在設法使此訴訟被撤銷的同時，政府形同毫不掩飾地堅持自己有絕對且不容審查的權力摧毀這個國家。」然而她的觀點是少數，於是此案被駁回。

那時凱爾西．朱莉安娜二十三歲。她跟其他原告已經花了四年多時間推動朱莉安娜訴訟案。她說：「我很失望這些法官認為聯邦法院不能保護美國的年輕人，即使有憲法權利已經被侵犯。」但是，儘管花了很長時間才得到這個不，年輕人和他們的律師並不放棄。

「朱莉安娜案遠遠沒有結束，」其中一位主要的律師說，「青少年原告將要求第九巡迴上訴法院的全體法官重新檢視這項裁定，以及其對我們憲政民主制的災難性影響。」

朱莉安娜案的年輕人已經瞭解到，在法庭上尋求正義的道路可以非常漫長且曲折，但是他們與他們的法律團隊準備在這條路上堅持到底。

許多法律專家認為，可能有更多人會提起氣候訴訟，特別是如果總統與國會繼續對氣候變遷坐視不管。耶魯大學的一位環境史教授說，「法院仍在慢慢接受他們可能必須扮演的必要角色」。他補充說，僅僅因為一個法院拒絕審理一件氣候訴訟，並不代表其他法院也會一直這樣做。

世界法庭上的氣候正義

跟朱莉安娜案的原告一樣，二〇一九年五月，一群托雷斯海峽島民（Torres Strait Islanders）創造了歷史。他們向聯合國遞交了有史以來第一起關於氣候正義的法律申訴。氣候變遷正在摧毀他們的家園；而作為澳洲一部分，島民們主張，澳洲政府沒有採取足夠的措施來保護他們或土地。

托雷斯海峽島民是原住民族，這意味著他們的祖先是世界上這個地區裡最早的已知定居人類，就像美洲的第一民族（First Nations）與各土著民族一樣。大多數托雷斯海峽島民現在生活在澳洲大陸上，但是有四千多人仍然生活在他們的傳統島嶼上。

這些島嶼位於一條叫做托雷斯海峽的海域裡，介於澳洲北端與另一個大島巴布亞紐幾內亞（Papua New Guinea）之間。散布在海峽中的島嶼超過兩百五十個，其中大約十四個有人居住。

有些島嶼是水下山脈露出的岩石頂部，另外一些，包括部分有人居住的島嶼，地勢低平，是由珊瑚沙所構成。其中一些高出海平面不超過三．三英尺（一公尺）。這些島嶼已經遭受了你在第二章中讀到的氣候變遷的影響，它們所遭受的熱帶風暴正變得越來越猛烈，上升的海水慢慢爬上他們低平的海岸線，淹沒或侵蝕著他們的土地。鹽分正在汙染飲用水。但是遭受損害的不僅是土地與水。

「當侵蝕發生，土地被海洋帶走時，那就像我們的一部分也被帶走——那是我們心的一部分、我們身體的一部分。這就是這件事對我們的衝擊所在，不僅島嶼受害，還包括作為民族的我們，」提出聯合國申訴的島民之一卡貝．塔穆（Kabay Tamu）說。他是他們家住在瓦拉伯島（Warraber Island）上的第六代。「我們在這裡有一個聖地，我們的精神繫屬於此。把人跟土地的連繫切斷，使他脫離土地的精神，是毀滅性的。」

塔穆說，我們的未來面臨著危險，「光是想像我的孫子或曾孫由於一些我們無法控制的影響而被迫離開，就已經太痛苦了。我們目前每天都能看到氣候變遷對我們島嶼的影響，包括海面上升、漲潮變大、海岸侵蝕以及我們的社區（淹水）。」托雷斯海峽島民擔心，如果他們被迫搬離自己的島嶼，那麼他們的歷史、文化，甚至他們的語言都會消失。

托雷斯海峽島民的法律行動由一個專注於環境法的非營利組織「地球當事人」（ClientEarth）代理。該組織向聯合國人權委員會提出的申訴指出，澳洲政府由於沒有降低溫室氣體排放，沒有採取適當措施保護島嶼，因此已經侵犯了島民的生命權、文化權以及不受干預的自由。地球當事人說，「澳洲政府沒有履行它對於托雷斯海峽島民的法定人權義務」。

這份法律文件還要求聯合國委員會通知澳洲政府，請它大幅減少溫室氣體排放，並逐步停止煤炭的使用。澳洲大約百分之七十九的能源來自化石燃料——煤炭、石油與天然氣。澳洲是煤炭的主要生產國與出口國。與其他燃料相比，煤炭排放到大氣中的二氧化碳量更高，而後者會推動氣候變遷。

聯合國委員會可能需要一些時間來回應托雷斯海峽島民的投訴。正如格蕾塔·童貝里與其他年輕運動者對五個國家的溫室氣體排放提出的訴訟一樣，即使委員會做出對島民有利的裁決，聯合國一樣不能要澳洲做任何事。成員國對於聯合國委員會的決定或建議只需要予以「考慮」。

然而在聯合國採取的法律行動——首先是托雷斯海峽島民，然後是格蕾塔·童貝里與其他年輕人——已經把氣候變遷與氣候正義推上了世界舞台。這些法律步驟成為運動人士與支持運動的政治人物可用的工具，以要求政府採取有意義的行動。

不論這些案件的裁決結果如何，它們都是這個變遷時代的標誌。它們透露的訊息是，人們——包括孩子們在內——不會坐視他們的家園被侵蝕、他們的未來被塗黑，只為了滿足這個世界的化石燃料成癮。有些人已經挺身而出，向能源公司、政府、法院以及世界各國大聲疾呼，要求改變；其他人必定也將追隨他們。隨著更多的聲音加入，要求改變的呼聲也將變得更加響亮，直到抵抗的力量大到再也不能被忽視為止。

第三部分

接下來發生什麼

第七章

改變未來

你的生活將遭遇氣候變遷的一些影響，我也是，我的兒子也是，其他所有人也是如此。

我們無法回到過去，把導致我們現況的過去改掉——但是我們可以改變未來，而且這麼做不需要時光機器。

完全避開氣候破壞是不可能的。地球上升的溫度已經在改變人類、植物與動物的生活方式，而且這件事將繼續發生下去。即使整個世界明天就停止給大氣層增加任何溫室氣體，溫度也仍會不斷上升，氣候仍會在相當一段時間內繼續變遷。

我們所面臨的問題很簡單：這個變遷將有多大，以及有多快？我們——以及在我們之後的世代——將必須承受多大的破壞？

這個答案取決於我們現在怎麼做。如果我們追隨托雷斯海峽島民、格蕾塔·童貝里以及朱莉安娜案提告者等年輕運動者的腳步，我們將能大大降低添加到空氣中的溫室氣體數量。比起我們彷彿沒有明天那樣繼續燃燒化石燃料與砍伐森林，這將給我們一個更光明的氣候未來。我們已經知道，我們必須改變一切。但是該怎麼做呢？

人們已經想出了各式各樣的辦法來解決氣候變遷的問題，從極端的到實際的都有。其中一些辦法已經被付諸使用，但光靠這些還不足以解決我們的氣候危機。其他一些辦法則還沒有被嘗試，有些是有風險的，有些甚至不太可能。但是有些已經顯示出，它們是通往更好的未來的關鍵。

沒有一種方法在任何情況下都是最佳方案。正如你將在本章與下一章所看到的，為了解決像世界性氣候變遷這樣浩大而複雜的問題，我們可以採用多種構想與工具的組合。不過，這些都要從人以及他所持有的價值觀開始。

如果碳是問題所在……

如果二氧化碳驅動氣候變遷比任何其他溫室氣體都更為嚴重，那麼直接對付碳如何呢？

這種方法已被稱為碳捕獲與封存（carbon capture and storage, CCS）*。碳捕獲的基本理念是，如果我們把碳從大氣中吸出來，或者不讓它進入大氣，我們就可以把它放在安全的地方，在那裡它不會造成任何傷害。

碳捕獲有許多不同版本，其中一些仍在計畫中或正在測試中，但也有已經在全世界各地付諸商業使用。

碳捕獲有兩個主要部分。第一部分是捕獲碳：碳捕獲的一種形式被稱為點源式碳捕獲（point-source CCS），這是在產生二氧化碳的源頭，比如燃燒化石燃料的發電廠，在氣體有機會進入大氣之前，直接將二氧化碳加以捕捉。另一種碳捕獲的形式是直接空氣捕獲（direct air capture），這是把二氧化碳從一般的大氣中抽取出來，這種方式是用風扇吹動空氣，使其通過過濾器或化學裝置。點源式捕獲與直接空氣捕獲都把二氧化碳轉化成一種可以被收集與儲存的濃縮狀態。

碳捕獲的第二部分是弄清楚一旦碳被收集起來後該怎麼處理。一個解決方案是把它埋在地下，並希望它不會再度跑出來。一些可供二氧化碳儲存的地方是煤礦或油田；因為在煤炭、石油或天然氣被取出之後，會留下空洞的礦層或空間。

另一個可能性是把二氧化碳儲存在地下的岩層中。用於碳儲存的岩層必須具備兩個要點：首先，它必須是一種有很多小孔和空隙的岩石，以便容納二氧化碳。第二，它的上方必須有其他更堅實的岩層。在用幫浦把二氧化碳打進有空隙的岩層後，較

美國一個煤礦的碳捕獲設施。

＊譯註：原文用 CCS 表示「碳捕獲與封存」，譯文為了易讀起見，用「碳捕獲」代稱。

堅固的岩層可以把它困在那裡。

這是北海（North Sea）斯萊普納（Sleipner）天然氣田使用的方法；一家挪威公司自一九七四年起就在那裡鑽井開採天然氣與石油。一九九六年，該公司開始從其作業中捕獲二氧化碳，並把它打到海床下約三千三百英尺（一千公尺）深的岩層裡。海床上幾十個監測器組成的網路負責監測洩漏與故障的狀況。英國地質調查局（British Geological Survey）是長期研究斯萊普納天然氣田的機構之一；他們的報告稱：「到目前為止，二氧化碳都被安全地限制在儲存庫內。」斯萊普納被認為是碳捕獲一個成功的例子，還有能力容納許多年的二氧化碳注入量。

另一種儲存方式是使用可以與二氧化碳結合的岩石種類。當二氧化碳與這些岩石接觸時，會發生化學反應，使二氧化碳變成這些岩石的一部分。二〇一三年，有人在華盛頓州與冰島對這種方法進行了測試。研究人員將捕獲的二氧化碳以液體形態注入地下的玄武岩（火山岩的一種）裡。大部分的碳都在兩年內礦化了——或者說成為堅硬的岩石。

這聽起來充滿希望，對吧？但是碳儲存面臨一個問題，除非就在可以安全注入地底下的地點附近進行碳捕獲，不然的話，二氧化碳必須被搬運，距離也可能很遙遠。這可能既昂貴又危險，而且會浪費運輸這些二氧化碳所需的能源。

聯合國政府間氣候變遷專家委員會（為了向政府提供最全面的氣候科學而成立的組織）曾表示，要把二氧化碳降到可接受的水準，碳捕獲與封存應該扮演一定的角色。但是由於幾個原因，碳捕獲遠遠不會是全部的解決方案。截至二〇一九年為止，全世界每年約有三千萬噸的二氧化碳被捕獲與儲存；其中超過三分之二的碳捕獲設施在北美。儘管如此，正被捕獲的碳總量，如果跟我們要順利達成巴黎協定的目標所需削減的碳排放量比較起來，仍只是極小的一部分。

碳捕獲與封存技術也很昂貴，而且它並不賺錢，但那卻是公司成立的目的。公司的行為是為了追求利潤。雖然用捕獲的二氧化碳製造某些產品可能有市場，但是能源公司做碳捕獲是為了從他們國家獲得減稅優惠，或者為了避免支付汙染罰款。若要使碳捕獲對氣候變遷有真正的影響，不僅僅是公司，政府也必須在這方面進行更多的投資。世界上碳捕獲的數量還必須有大幅的增加。

然而除了成本以外，還有安全的問題。一些科學家擔心長時間的碳儲存可能會有問題。我們研究碳儲存與付諸運用只有短短幾十年的時間而已。我們是否能夠確定，埋在地底下的二氧化碳永遠不會洩漏到水或空氣中，使問題在以後再度出現？而且，如果我們把二氧化碳注入地下，我們是不是在為更頻繁的地層位移與振動創造條件，甚至是造成地震，以至於使被儲存的二氧化碳釋放出來？在化石燃料業者用高壓液體把石油與天然氣從地球裡擠出來的地區，即使是用所謂壓裂開採的地區，人們都已經記錄到地層位移的增加。

但是除了以上種種，碳捕獲還有另一個更深層次的問題。碳捕獲只是整個體系的一環，化石燃料產業才是一開始製造問題的源頭。要建造更多的碳捕獲設施以及四處運送這些二氧化碳，將需要更多的礦與更多的能源。這些能源從哪裡來？來自那些可能首先產生二氧化碳的化石燃料嗎？

將希望寄託在碳捕獲上，可能反而鼓勵我們繼續使用化石燃料。我們可能會對自己說，「是的，二氧化碳排放是不好的，但這並不重要，因為我們可以把空氣變乾淨。這種想法可能會使我們放棄對再生能源的投資，比如從一開始就很乾淨的太陽能和風能。碳捕獲還使我們更不去面對我們使用多少能源的問題。換句話說，碳捕獲沒有觸及我們問題的根源，那就是我們對化石燃料的依賴，以及一種以為可以無限消耗地球資源的心態。一面把今天危機中最糟糕的副產品埋到地底，一面繼續那些首先導致這個危機的行為，這樣是不行的。我們應該改變我們的行為，好讓未來沒有人需要面對同樣的危機。

駭一下我們的地球

我曾住在加拿大英屬哥倫比亞的一個地方，叫做陽光海岸（Sunshine Coast）。那是我兒子出生的地方。有一次，在他只有三週大的時候，我丈夫跟我五點一大早就被他叫醒，那時我們看到窗外有個不尋常的東西。我們向海的方向看去，看到兩根高聳的黑色的鰭——那是虎鯨！然後我們又看到另外兩隻。

我們從來沒有在海岸的這個部分看過虎鯨。當然，我們也從來沒有像這樣看過虎鯨；牠們就在離岸邊只有幾英尺遠的地方。看到四隻虎鯨感覺就像一個奇蹟，好像小嬰兒叫醒我們就是為了讓我們不要錯過這個難得的奇景。

後來我瞭解到，這個不尋常的景象可能跟一個古怪的海洋實驗有關。

在英屬哥倫比亞省的另一個部分，一個名叫拉斯·喬治（Russ George）的美國商人從一艘租來的漁船上往海裡傾倒了一百二十噸鐵粉。他的想法是，這些鐵會給海洋添加養分，滋養藻類，進而促成藻華現象（algae bloom）——即浮在水面附近的微小植物突然大量增長。因為它們是植物，所以海藻會吸收空氣中的二氧化碳。喬治認為他正在展示一種碳捕獲與對抗氣候變遷的方法。

喬治聲稱，他的海洋實驗創造的藻華現象有半個麻瑟諸塞州的大小。這片藻華吸引了整個區域的海洋生物前來覓食，包括——用他的話來說——「大批的鯨魚」。虎鯨是一種捕食其他魚類的鯨魚。所以我看到的虎鯨，是因為喬治的藻華吸引了大批魚類，所以前來享用吃到飽的海鮮自助餐嗎？也許不是，但我忍不住想知道原因。

故意對地球的自然系統進行干預的行為被稱為地球工程（geoengineering），也就是「對地球進行工程設計」。這種思路認為，地球是一部機器，我們可以用修補的方式來取得想要的結果。

想要嘗試地球工程的人說，我們早已干預地球系統了，那就是把溫室氣體排放到大氣中。那為什麼不利用我們的干預能力來修正這個錯誤呢？

其他世界？

伊隆．馬斯克（Elon Musk）是一位億萬富翁，他創辦了製造電動車的特斯拉公司，以及發射太空火箭的SpaceX公司。二〇一八年，他在一次科學試驗中把這兩者結合起來，同時也作為一個宣傳噱頭。

SpaceX需要把一些東西送上太空，以測試它的火箭。被選為測試對象的，是馬斯克自己的特斯拉跑車。他並沒有開這輛車進入太空，坐在駕駛位子上的是「星人」（Starman），一個穿著太空裝的假人。這次發射對SpaceX來說是成功的，馬斯克的鮮紅色汽車現在已在太陽軌道上運行。

馬斯克投資太空旅行的一個原因是，他想在火星上建立一個殖民地。在他看來，到地球隔壁的行星上去殖民，對於人類物種的存續是有必要的。

馬斯克擔心，到了某個時候，地球可能變得不適合人類居住。氣候破壞可能會持續下去，一顆小行星可能會毀滅我們所有人，一場災難性的世界大戰可能把我們的地球家園變成一片荒地。火星將是我們的備用計畫，在那裡建立一個殖民地，將可以讓我們的物種不至於被完全消滅。或者……去火星也許只因為那很酷。

馬斯克的公司正在開發一種火箭與太空船的綜合體；他說這種船可以把人載到火星去，並在那裡建立一個殖民地。同時，行星科學的專家說，儘管到了某個時候，我們將可以合理地把人類送上火星去執行科學任務，但是要讓他們在那裡永久居住，將會是巨大的挑戰。在火星上為自己提供空氣、水和食物將是巨大的問題。但即使火星殖民者解決了這些問題，還是有另一個始終存在的危險——沒有人知道我們的身體是否能長期承受暴露在太陽的輻射線之下，無論是在太空裡還是在火星上；火星上的大氣層太薄，無法阻擋多少輻射線。

但是伊隆．馬斯克並不是唯一一個向別的星球尋找氣候變遷解決方案的人。二〇二〇年一月，肯塔基州的參議員蘭德．保羅（Rand Paul）提到一個甚至更離奇的想法。他建議，我們應該「開始在合適的衛星或行星上製造大氣層」。

把另一個世界變得適合人類居住被稱為「地球化」（terraforming）；這個字來自「terra」，即拉丁文中的「土地」。把一個外星世界變得類似地球是很多科幻小說的主題，但是在現實中，這樣的事情非常遙遠，或許根本是不可能的。

保羅也許是在開玩笑，然而可悲的事實是，有許多政治人物拒絕接受現實，也否認氣候變遷是人類造成的，而保羅就是其中之一。如果他們不相信人類活動可以改變地球的氣候，他們怎麼能相信我們可以改變其他世界的氣候？

在火星或其他「合適的」衛星或行星上建立殖民地，即使有可能，也永遠不會是所有人類的家園，因為讓所有人跨越太空的成本與難度是無法想像的——更不用說他們生存所需的所有空氣、水和食物也得搬過去。在最好狀況下，另一個世界上的某個殖民地或許可以給少數被特別挑出的太空旅行倖存者提供一種艱難的生活。

同時，在地球這邊，我們其他人可以腳踏實地，尋找真正可行的解決方案。拯救這個星球的工作必須繼續下去；這是我們唯一知道可以給我們帶來生命的星球。

相信地球工程論的人呼籲採取大規模的行動來降低全球暖化的影響。除了給海洋施肥的計畫以外，他們還提出減少到達地球的陽光總量的想法。其中一些構想，比如用太空鏡把太陽光從地球上反射出去，是科幻小說的領域，並不十分實際。然而，有一種複製特定火山爆發的想法受到更多的關注。

大多數火山爆發會把火山灰跟氣體送入較低的大氣層。這些氣體包括一種叫做二氧化硫的物質，它會跟空氣中的水蒸氣結合，形成硫酸。這種酸是以氣溶膠的形態出現，即由微小水滴形成的霧狀物。它們通常直接掉落到地球上。不過，每隔一段很長的時間，火山爆發會把大量的二氧化硫送到大氣層裡更高的位置。幾週內，氣流會把氣溶膠擴散到整個地球。

這些小水滴就像微小的鏡子，會讓太陽的全部熱量無法到達地球的表面，結果就是造成氣溫下降。如果這樣的爆發發生在熱帶地區，氣溶膠可以在高層的大氣中停留一到兩年的時間。它們可能會導致全球降溫，而且降溫甚至可能持續更長的時間。

一九九一年，菲律賓的皮納土波火山（Pinatubo）就像這樣爆發了，在高層大氣中擴散氣溶膠。爆發後的一年，全球氣溫下降了攝氏半度。一些科學家認為，如果我們能找到某種辦法，用技術來完成一些自然火山爆發所做的事，那麼我們就能強制降低地球的溫度，以對抗全球暖化。

這會出什麼問題嗎？要知道，地球工程有巨大的風險。

藍色的天空可能一去不復返。看你用什麼方法來阻擋太陽，以及使用規模有多大，地球有可能永遠被覆蓋在一層霧霾中。到了晚上，天文學家將難以清楚觀察恆星和行星；而白天的時候，減弱的陽光會使靠太陽能生產潔淨能源變得更困難。這是一個嚴重的缺陷，因為清潔可再生的太陽能是一條讓我們擺脫溫室氣體的明確道路。

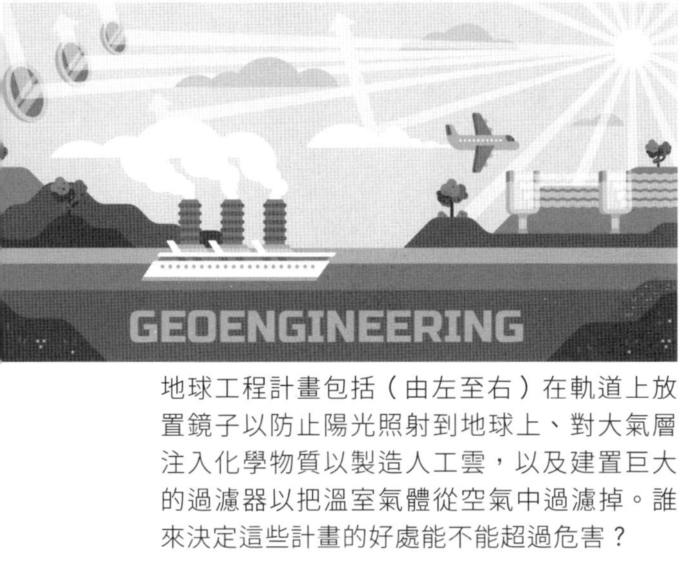

地球工程計畫包括（由左至右）在軌道上放置鏡子以防止陽光照射到地球上、對大氣層注入化學物質以製造人工雲，以及建置巨大的過濾器以把溫室氣體從空氣中過濾掉。誰來決定這些計畫的好處能不能超過危害？

複製重大火山爆發的影響也可能會改變天氣和降雨模式，潛在可能是使天氣的分布更不平均。根據不同的使用方式，這種類型的地球工程，如研究所預測，可能會干擾亞洲與非洲的季節性降雨，並造成世界上一些較貧窮國家的乾旱。換句話說，地球工程可能威脅到數十億人的食物和飲水。氣候變遷本身已經告訴我們，一旦我們改變地球的大氣層，許多意想不到的事情都能發生。

那麼，給海洋施肥好不好呢？像拉斯．喬治在英屬哥倫比亞省所做的那樣？這種類型的地球工程可以使海洋變成綠色，但它可能造成比這個更糟糕的事。我們已經知道，流入海洋的肥料與動物排遺經常會引發「死亡地帶」（dead zones），這是海洋中沒有足夠的氧氣來支持生命的區塊。

肥料與排遺助長了藻華現象，就像拉斯．喬治在英屬哥倫比亞海岸附近創造的那樣。藻類會消耗二氧化碳並釋放氧氣——乍看之下很不錯，但問題來自於數以億萬計的微小海洋生物以及聚集起來吃這些藻類的魚類。它們把自己的排泄物釋放到水中，這些排遺會跟垂死的藻類一起腐爛，腐爛的過程會吸收大量氧氣，比海藻釋放的更多，結果就是缺氧的海水無法再支持許多形式的海洋生物。給海洋施肥對環境造成的危害比幫助更大。

地球工程——或者有些人稱之為地球駭客（geohacking）——也引發公平性的問題。許多政府單位、大學與私人投資者或公司正在討論地球工程計畫：如何研究？如何監管？這類計畫有長長一串。在大規模推動下，當中有些計畫可能會影響整個世界。

誰可以決定要不要把巨量的肥料倒進海裡，或者把氣溶膠注入天空？每個可能受到影響的人都可以參與投票嗎？如果有少數國家，或者一個國家，或者一個流氓地球工程師決定要這麼做，那會發生什麼事？

儘管有這些風險和缺陷，研究人員仍然在研擬計畫，以測試各種地球工程的方案。但是，**在開始亂動我們星球的基本生命支援系統之前，先改變我們的行為，以減少我們對化石燃料的使用，不是更好嗎？**

減少化石燃料的使用與降低我們的溫室氣體排放，是我們已經知道的有效辦法。這對有些人來說可能難以承受，因為要有效地做到這一點，我們真的必須改變一切。但是，如果沒能採取深思熟慮的行動來對抗氣候變遷，我們到時候必將面對的氣候變化難道不會更難以承受嗎？也請記住，對我們做事的方式做出重大改變，也讓我們有機會為所有人創造一個更公平，且對這個星球的土地、海洋與空中的生物來說更健康的世界。

這是一個值得做出的改變，而本章剩下的篇幅將告訴你，有些人已經在這麼做了。他們把災難當作墊腳石，以走向可對抗氣候變遷的生活方式。他們所測試的工具任何人都可以使用，你跟你的世代也都可以以此為基礎。

一個古老的自然發明

有一種碳捕獲與儲存的形式是很容易做到的；它不需要昂貴的技術，並且除了清潔空氣之外還提供許多好處。

它是大自然的一個古老發明，名字叫做「樹」。

《科學》期刊二〇一九年的一篇論文稱，以全球規模「恢復森林」是限制氣候變遷的最佳辦法之一。文章說，如果用種植樹木來覆蓋二十二億英畝（即九億公頃，或者略小於美國的總面積）的地表——不包括已經存在的城市、農田與森林——我們就能把這個星球的森林面積增加百分之二十五。當樹木長大後，這些額外種植的樹木可以吸收與儲存大氣中四分之一的碳。

不過還是有一個問題，如果我們沒有即時採取行動，氣候變遷將使地表的部分地區過於炎熱、乾燥或被淹沒，以至於無法植林。

其他科學家對這篇文章的部分主張提出了質疑，但是它總體的觀點是正確的。樹木是對抗溫室氣體很強的武器。

我和格蕾塔．童貝里、作家菲利普．普爾曼（Philip Pullman）以及其他許多運動者、藝術家和科學家一起連署了一封公開信，內容是關於樹木及其他植物的氣候保護效應；這封信於二〇一九年在網路上發表，你可以在本書最後讀到這封信，它的標題是「一個解決氣候災難的自然方案」。在信中，我們敦促世界各國政府與在地社群合作，「用一種讓人興奮但被忽視的辦法來防止氣候混亂，同時也捍衛生物世界。」

生態系統是我們的星球從空氣中消除過量碳的天然工具，因為每個生態系統中的植物都會吸收二氧化碳並釋放氧氣。不只森林，還有溼地、草原、沼澤，甚至是天然海床，都能清除與儲存碳。許多與我們共享這個星球的生物也以這些地方作為家園；現在由於人類的活動，很多生物面臨大規模滅絕。我們的目標應該是保護、恢復和發展這些重要的生態系統，同時努力使我們的產業與我們的生活方式不那麼依賴碳。

這是我們現在就可以做的事情。如果全世界都參與一個巨大的植樹計畫，那將非常美妙。但是在那之前，我們也能在我們擁有的任何土地上自己行動。樹木是鳥類和昆蟲的家園，是它們食物的來源（至少某些種類的樹木是），也是相信未來的一種象徵，因為樹木需要很長的時間來生長。哪怕只是種植與照顧一棵樹，都等於在說，「我也相信那個未來」。

照亮前路

二〇一七年九月，一場強大的颶風襲擊了波多黎各（Puerto Rico），挾帶大風和大雨的颶風瑪麗亞襲擊了這個屬於美國的加勒比海島嶼。在風暴的怒火平息後，人們走出他們的家，對損失進行評估。

在小山城阿德宏塔（Adjuntas），人們發現電力與自來水都停了，跟整個波多黎各的情況一樣。而且阿德宏塔對島上其他地方的交通也被切斷了，每條道路都被從山上沖下來的土石封鎖，或被倒下的樹木和枝幹阻塞。

不過，阿德宏塔還是有一個光明之處，就在主要廣場附近，有光從一棟粉紅色大房子的每扇窗戶裡透了出來。這座建築在可怕的黑暗中像燈塔一樣發出光芒。

當颶風過後，我在波多黎各看到的情況，在很多方面都讓我想起了卡崔娜颶風後，我在紐奧良所看到的景象。但是島上的一個地方，這間發出亮光的粉紅色房子，給我非常不同的感覺。我很快就得知，環繞著那棟房子，有一些新的與有希望的事情正在發生。

那座房子就是「普埃布洛之家」（Casa Pueblo），一個社區中心與環保組織的總部。二十年前，一個科學家與工程師的家庭建立了普埃布洛之家。他們在屋頂上安裝了太陽能電池板，用來捕捉太陽的能量並把它轉化為電力。在那時候，太陽能電池板還很簡陋，看起來可能像一個未來主義者或邊緣人會做的事。但是多年以來，普埃布洛之家已經升級了它的電池板，對島上充足的陽光加以利用。

與島上各地倒下的電線杆不同，這些太陽能板不知如何安全度過了颶風瑪麗亞的狂風與吹倒的樹木。在風暴過後的一片黑暗中，普埃布洛之家擁有方圓幾英里內唯一持續的電力。

人們從阿德宏塔的各個山丘來到這個溫暖與友善的燈火前。官方救難單位還需要幾週的時間才能提供足夠的援助，因此社區便組織了自己的救災工作。這間粉紅色的房子很快成為神經中樞。人們把食物和水集中起來，用防水布搭建臨時庇護所，用鏈鋸清理街道。他們用無價的太陽能為手機充電。

普埃布洛之家還成為一個拯救性命的臨時醫院。通風的房間裡擠滿了老人，因為他們的氧氣機需要電源。多虧這些太陽能板，該中心的廣播電台可以繼續廣播。由於暴風雨摧毀了供電線與手機基地台，因此該電台是社區裡唯一的資訊來源。

在這些努力進行了幾個月後，我來到波多黎各。我是來看這塊美國的領土是如何處理這場災難的。我訪問了島上的南海岸，那裡是他們很多工業的所在地。那裡的人受到瑪麗亞的衝擊最為殘酷，他們低窪的社區被淹沒，他們擔心暴風雨會使附近發電廠與其他工廠的有毒化學物質外洩。儘管該區有島上最大的兩座發電廠，許多人仍然生活在黑暗中。

當天稍晚，當我們開車進入山區，前往普埃布洛之家時，悽慘的氣氛有了變化。敞開的大門歡迎著我們，我們喝著中心自家的咖啡種植園生產的咖啡；該園地是由社區自行管理的。頭頂上，雨點敲打在那些珍貴的太陽能板上。穿過大門就像走進另一個世界——這裡的波多黎各一切都能運作，氣氛充滿希望。

現在，這些太陽能板看起來一點都不古怪。事實上，這些面板看起來像是未來生存的最大指望，因為未來必定會有更多像瑪麗亞颶風這樣的極端天氣；這類風暴在

在颶風瑪麗亞肆虐波多黎各之後，普埃布洛之家屋頂上的太陽能板使這座粉紅色的建築成為黑暗中的燈塔。

氣候變遷下將不斷強化。

樂園之戰

全球暖化造成的溫度上升使颶風瑪麗亞的威力升級，但是早在這些猛烈的暴風到來以前，波多黎各就有其他問題。

波多黎各不是一個州，它是美國的一個殖民地。這意味著波多黎各人沒有跟其他美國人一樣的權利，他們不能在聯邦選舉中投票，而且聯邦政府通常把這個島當作為本土賺錢的工具。

此外，由於它是一個殖民地，波多黎各無法規劃自己的經濟。該島有百分之八十五的食物需要進口，儘管它有世界上最肥沃等級的土壤。在瑪麗亞之前，它有百分之九十八的能源來自進口的化石燃料，儘管它有太陽、風力與海浪可以供應大量乾淨與便宜的再生能源。波多黎各的經濟還在許多其他方面上是為別人服務的，因此它積累了大量的債務，積欠著島外許多債權人。

該島的困境在二〇一六年開啟了一個新的篇章。當時美國通過一項法律，給波多黎各人造成了新的經濟苦難。該法案宣稱，它將使波多黎各的債務更容易管理，並將加速島上的基礎設施和發展計畫。然而實際上，它攻擊了使社會得以維繫的關鍵：教育、醫療保健、電力和供水系統、通訊網路等等，而且所有措施都是為了削減成本與償還債權人。

難怪這項法律對波多黎各人沒有幫助，它讓一個未經選舉的管理委員會負責監督波多黎各的經濟。為了挪出資金來償還債務，這個委員會批准了一項緊縮計畫，大幅裁減了公共服務的預算。這種經濟規劃只是讓波多黎各的惡劣處境變得更糟，然後颶風瑪麗亞就呼嘯而來了。

這場風暴是如此強大，即使最強健的社會也都會受到搖晃，而波多黎各不光是搖晃而已，它直接崩潰了。

大約三千人因瑪麗亞颶風而喪生。有少數人在狂風與洪水中死去，然而，大多數死亡發生在事後。當電力中斷了幾個月時，人們苦於醫療裝置無法插電；有些人別無選擇，只好飲用被汙染的水；醫療體系沒有藥品可治療疾病。這些悲劇顯示，這些被委託保護波多黎各人的各級政府，無論是在島上還是在華盛頓特區，都沒能建立起強韌的機制，以至於無法在緊急情況下提供基本服務。

卡崔娜颶風暴露了紐奧良相同的弱點：對緊急狀態的準備不足與缺乏災難應變的能力。而現在在波多黎各，類似的問題在災難發生後很久還不斷開展。

除了摧毀該島的基礎建設，瑪麗亞還破壞了島上食品與燃料的供給線。就像十二年前在卡崔娜颶風過後的紐奧良一樣，聯邦政府在波多黎各的緊急救援工作可說慘不忍睹。一份為波多黎各供應三千萬份膳食的合約被喬治亞州的一家公司拿下，但是這家公司的紀錄不良，甚至只有一名員工。一家只有兩名員工（而且跟美國內政部長有交情）的蒙大拿州能源公司獲得了一份三億美元的合約，以協助重建波多黎各的電網。這些合約後來被取消了，但是由於這些紕漏與其他差錯，迫切需要的食物與電力維修材料在倉庫裡白白堆放了幾個月。

所以在風暴過去很久之後，普通的波多黎各人仍然靠手電筒過日子，而且飽受抑鬱與窮困的痛苦，**因為政府再度把災難當作對企業發放合約的機會**。

像紐奧良的卡崔娜颶風一樣，瑪麗亞的災難不只是一場天然災害，那是一場風暴在氣候變遷的強化之下，猛烈襲擊了一個被政府決策蓄意削弱的社會。這些決策把債務的償還看得比民眾與社群的福祉更重要。

那些在暴風雨過後姍姍來遲且蹩腳的救援工作顯示，當權者對那些美國人的性命——他們多半是窮人、說西班牙語、奴隸與原住民後代——是多麼的不重視。然而在同一年，佛羅里達州與德州的社區在經歷類似的破壞性颶風後，卻得到更多與更快的援助。

不過，即使瑪麗亞颶風的故事似乎只是荒廢、危機與災難資本主義這個可悲又熟悉的迴圈再次重演，當中卻仍然有希望。瑪麗亞之後，波多黎各不僅成為一個災難現場，它也成為一個思想的戰場。一邊是災難資本家的老面孔，他們以對待紐奧良的方式對待波多黎各；另一邊是為生存而奮鬥，但也以不同方式做事的波多黎各人。

普埃布洛之家是風暴過後黑暗中的一盞明燈，它展示了一條道路，讓波多黎各人——以及世界各地的其他人——得以走向一個更安全的未來。

為心靈而戰

對一位來自波多黎各巴雅蒙（Bayamón）的運動者來說，她對環境的熱愛是從幼年時期開始的。阿米拉．奧德．基諾內斯（Amira C. Odeh Quiñones）記得她六歲時在一個珊瑚礁浮潛的事。到她十二歲的時候，她說，「那個珊瑚礁已經不存在了」。

二〇一七年，當颶風瑪麗亞襲擊波多黎各時，奧德．基諾內斯二十幾歲。「我看到了所有的破壞，以及我們是多麼依賴進口，因為當港口才剛關閉幾天，我們就開始缺糧了，」她說。「我這輩子都在走的街道，現在已經面目全非。看到隨著每天過去，卻什麼都沒有好轉，實在很可怕。」

為了在瑪麗亞之後關注社會和氣候正義，奧德．基諾內斯組織了350.org的一個分會；這個組織的自我描述是「一個由普通人組成的跨國運動，致力於終結化石燃料的時代，並為所有人建立一個由社群主導的再生能源的世界。」（我曾擔任這個組織的董事會成員好幾年。）此外，她的環保工作還包括曾發起一個運動，成功地阻止在波多黎各大學校園內販賣瓶裝水。

除了氣候變遷問題，奧德．基諾內斯還希望為波多黎各人伸張正義，因為這個島嶼正在努力從瑪麗亞颶風中恢復過來。她指出，風暴造成的持久破壞已經摧毀了人們的生活。「沿海社區或山區城鎮仍有成千上萬的房屋被毀，」她說，「不僅基礎建設仍然破碎，許多家庭也是破碎的……思想與心靈的復元則根本還沒發生」。

奧德．基諾內斯主張，在決定波多黎各的未來時，應該把所有人包括在內。「每個社區都應該參加這個對話，因為無論決定什麼政策，對我們將來的生存都至關重要。」她是對的。當需要承受那些解決方案的人有機會一起形成這個決定，而不是被上面或外部的人告知他們必須怎麼做，這些解決方案將更容易被接納也更可能成功。無論是在颶風過後，還是在面對氣候變遷時，我們必須傾聽那些受影響最深的人的意見。

向普埃布洛之家學習

在參觀普埃布洛之家時，我看到他們有太陽能廣播電台，以及在暴風雨後開幕的太陽能電影院。他們有一個蝴蝶園，以及一間販賣當地手工藝品與普埃布洛之家熱門咖啡的商店。牆上的照片展示了該中心進行戶外教育的森林學校的場景。他們還展示了一場在華盛頓特區舉行的抗議活動，該活動阻止了一條天然氣管線穿過普埃布洛之家附近山區的興建計畫。

生物學家、普埃布洛之家董事會主席阿爾圖羅・馬索爾-德亞（Arturo Massol-Deyá）告訴我，颶風改變了他對可能性的看法。多年來，他一再爭取波多黎各從再生資源中獲得更多的能源，如太陽能面板與風力渦輪機等。由於該島仰賴進口的化石燃料與少數幾個集中式發電廠，所以他曾警告，一場大風暴可能會使整個電網癱瘓。

然後這件事就發生了。

現在，在風暴過後，每個人都明白了馬索爾-德亞所說的風險。舊系統的崩潰讓他更有理由推廣再生能源。但是即使是太陽能面板與風力渦輪機也會在風暴中受損。如果電力是來自巨大的中央太陽能電廠與風電場，從長距離外透過可能被吹斷的電線輸送電力，那也可能構成問題。人們開始明白，像普埃布洛之家這樣的小型社區電力系統，可以在使用電力的本地生產電力。

為了宣傳太陽能發電的好處，普埃布洛之家在風暴過後分發了一萬四千個太陽能燈籠。這些小盒子白天時放在戶外，吸收並儲存太陽的能量，到了晚上，它們就形成整片的光源。

該中心也對暴風雨後幾個月仍缺乏電力的家庭發送太陽能冰箱。普埃布洛之家現在已經發起了一項運動，要求波多黎各有一半的電力來自太陽能。

幾個跟我談話的波多黎各人都稱颶風瑪麗亞是「我們的老師」。風暴教導了人們什麼是行不通的。它也教會他們什麼才真正行得通——不僅僅是太陽能板，還有使用傳統農業方法的小型有機農場；這些小型農場比現代工業化耕作更能抵抗洪水和強風。而且，與進口食品不同的是，即使長途運輸中斷，人們還是可以從當地農場獲得農產品。

一夜之間，每個人都能看到，這個土壤肥沃的島嶼失去對自身農業系統的控制是多麼的危險。然而在仍有傳統農場的社區裡，人們也可以看到，古老且有生態意識的耕作方式並不是什麼古怪的遺物，它其實是對於未來生存的一個重要的工具。

這場風暴顯示出，深厚的社群關係十分重要，包括與住在島外的波多黎各人的聯繫網絡。當政府不斷失職時，人們就設法相互提供救生的援助。

在瑪麗亞之後，數十個波多黎各組織集合起來要求改變。在Junte Gente（西班牙文為「人民團結」）的旗幟下，他們呼籲公平與公正地重建波多黎各的經濟。他們希望這個新的經濟以社區為基礎，著重潔淨能源、新的教育、交通與食品系統，要真正為波多黎各人服務，而不只是強硬地複製舊的系統。

像颶風這樣的災害打亂了普通人的生活，一般情況下，在災難發生後，重建一個社區或甚至一個國家是必要的。正如你在第三章所看到的，一些人把這些破壞與重建當成使富人更有錢的機會；但是，災難後的重建也可以朝相反的方向發展。我們可以利用這個機會，讓那些曾被視為不可能的好構想得以實現。我們也可以趁機改變過去有害的做事方式，並規劃一個更有韌性的未來，以應付氣候變遷的衝擊，以及其他像傳染病世界大流行這樣的災害。

綠化格林斯堡

跟波多黎各一樣，堪薩斯州的格林斯堡鎮（Greensburg）也被一場災難摧毀了。與波多黎各不同的是，這個鎮有政治獨立性，而且獲得了它所需的財政援助，不只為了重建自己，而且是為了把自己重新打造成一個看向未來而非過去的城鎮。

二〇〇七年五月的一個晚上，格林斯堡幾乎被一場龍捲風從地圖上抹去。這不是普通的風暴，它的規模和威力足以被稱為超級龍捲風。它的風速達到驚人的每小時二百零五英里（三百三十公里）。它接觸地面的面積大約有一．七英里（二．七公里）寬，超過小鎮本身的寬度。

住在堪薩斯州的人都知道龍捲風是怎麼回事。那天晚上當格林斯堡的警報響起時，居民們都躲進地下室或他們能找到的最安全的地方。比如說，對於一家加油站商店的顧客來說，最安全的地方是在走入式冷凍櫃裡。

龍捲風發生之前，先是有閃電與大顆的冰雹。然後，緩慢移動的漏斗雲橫掃了整個城鎮。當它結束時，格林斯堡百分之九十五的建築物被摧毀或損壞，有十一人死亡，還有六十人受傷。

後來，該鎮大約一千五百人當中有一半的人搬走了。那些留下來的人在帳篷裡舉行會議，討論如何重建他們的社區。

「這些帳篷會議的頭號議題是討論我們是誰——我們的價值觀是什麼？……有時我們會同意彼此有不同意見，但我們仍然互相尊重，」當時的格林斯堡鎮長鮑勃・迪克森（Bob Dixson）說。與其他許多住在農村地區的人一樣，迪克森的家族世代都是農夫。他補充說：「讓我們不要忘記，我們的祖先是這塊土地的管家。我的祖先們原先住的都是綠建築——茅草房……我們瞭解到，生活中唯一真正綠色與可永續的東西，就是我們對待彼此的方式。」

因此，格林斯堡決定將自己重新打造成一個對環境友善的綠色城鎮。在政府災後補助、非營利組織以及當地一家興建大型風力發電機的企業的幫助下，格林斯堡成為永續生活的典範。

它的新公共建築符合領先能源與環境設計（Leadership in Energy and Environmental Design、LEED）評等系統的高標準——LEED 是一套對建築的環境友善程度進行評分認証的系統。LEED 評分系統衡量的項目包括：建築是否以最適合當地環境的方式座落在地基上，是否有效地使用能源與水，是否由可環境永續的材料建造，以及這些材料的生產或獲取是否破壞有限的資源。格林斯堡有半打建築，包括社區的新醫院和學校，都有 LEED 最高等級的白金認證。

學生們也參與了這個規劃過程。他們對新學校有自己的想法，並且毫不猶豫地分享這些想法。一位與該鎮合作重建的建築師說：「如果沒有年輕人直言不諱的意見，這所學校將會是一個不起眼的地區學校，就蓋在距離小鎮十英里、學校董事會在風暴後一週內購買的土地上。但是，由於年輕世代看到了改變的需要，又渴望站出來發聲，所以學校現在是社區的一個支柱，座落在主要街道上，既轉化了教育，又給社區增添了活力。」

清潔的再生能源為該鎮提供電力，大部分是來自於風力。那幾乎終結了格林斯堡的自然力量現在驅動著大大小小的風力發電機，為企業、公共建築與農場提供動力。

這種大膽的改造計畫已經在許多方面給小鎮帶來益處。一個好處是，再生能源為小鎮省下許多錢。他們的醫院能源支出比同規模的一般醫院少百分之五十九，而學校則節省了百分之七十二。另一個好處是，如果再來一次龍捲風，該鎮的災情可能不會那麼慘重。房屋與公寓都使用特殊方式建造，例如在牆壁上鋪設稻草包，這不僅可以節省能源，而且可以加強這些結構對強風的抵抗力。

雖然格林斯堡的人口仍然比龍捲風之前少，但是這個小鎮發揮的影響力可不小。

格林斯堡的綠化故事已經被寫進書籍、文章、兩集迷你系列的紀錄片裡，也在國會大廳中被講述。來自全國其他地區的規劃者，以及學習可環境永續生活的年輕人，都來到這個小鎮，看看它是如何做到的。

格林斯堡展示了社群階層共同決策的力量。它顯示一群人雖然遭到可怕的損失，但仍有勇氣以一種新的方式重新開始，以面向未來。格林斯堡的另一個教訓是宏大思維的力量和效率。如果個人在重建家園與企業時使用節能的窗戶與電器，這些改變本來就是好事。但是，由於進行了更大規模的思考來想像一個全新的城鎮，格林斯堡的人們能夠獲得所需的支援和資金，使他們在面對氣候變遷的戰鬥中能發揮更大的作用。

那如果有一種辦法可以協助許多城鎮變得更像格林斯堡，但不需要等災難先摧毀它們呢？如果我們有一個計畫，能把普埃布洛之家的經驗推廣到全國或全世界呢？

請繼續閱讀，這個辦法是有的。

堪薩斯州格林斯堡的大井，被稱為「世界上最大的人力挖掘井」，深達一〇九英尺（三十三公尺）。它在二〇〇七年幾乎摧毀全鎮的龍捲風中倖存下來，但是它周圍的博物館被摧毀了。今天，重建的博物館記錄了格林斯堡重生為一個綠色城鎮的經歷，它螺旋形的新樓梯呼應龍捲風的形狀。

第八章

綠色新政

世界上的氣候科學家已經告訴我們，為了控制我們星球的暖化，我們必須做些什麼。我們將不得不改變幾乎一切的事情，包括我們獲得能源、使用資源以及我們的生活方式。這麼大的改變聽起來好像不太可能？

沒有這回事。我們以前就完成過，而且還不止一次。我們曾在美國與世界處於危機的時候辦到過這件事，就像今天的世界處於氣候與經濟的危機中一樣。

原本的新政

在一九三〇年代，美國發生了一場翻天覆地的變化。在富蘭克林．羅斯福（Franklin D. Roosevelt）總統的領導下，美國推出了十來個改變政府和經濟的計畫。這些計畫被稱為「新政」（New Deal）。

新政的背景是一場當時稱為「經濟大蕭條」的經濟災難。在美國，這場災難是從一九二九年的十月開始的。投資人的資金湧入證券交易所，把許多股票——即公司與金融基金的有價所有權憑證——的價格推升到非常高的地步。這種類型的投資會造成經濟不穩定，因為它們總是受到漲跌週期的影響。這一次，由於報導稱股票價格已經過高，即將要下跌，許多人感到恐慌。緊張的投資人在短短一週內賣出了巨量的股票，股票的價格突然急劇下降，對經濟體產生了嚴重的衝擊。

銀行倒閉、企業關門，數百萬人喪失了他們的工作。在那些還有工作的人當中，大多數人的工資都被大幅削減。政府也感受到了壓力，因為它的稅收收入很快就下降了。隨著國際貿易的衰退與隨後的崩潰，經濟蕭條蔓延到其他國家。

美國從未見過如此廣泛的貧困、痛苦和飢餓，貧民窟如雨後春筍般出現。無力支付房租或找不到工作的人用廢木材、舊衣與紙板勉強搭建了他們的住所。他們在全國的城市、鄉鎮和農村遊蕩，尋找工作或乞討食物。美國黑人受到的打擊最大，他們是最先失去工作的人，失業率也高於白人。

起初，政府沒有提供什麼幫助。當時沒有能提供社會安全網，以支援失業者、老年人或身障者的聯邦計畫。

但是在羅斯福於一九三三年當上總統後，他承諾為美國人提供一個「新政」。為了對抗大蕭條帶來的貧困和崩潰，他的政府推出了一系列新的政策、計畫和公共投資。最低工資法被引入，以保護工人不被過低的酬勞剝削。社會保障制度被建立，以便老年人在停止工作後有一個收入來源，並幫助那些有身心障礙與不能工作的人。

由於大蕭條的一個主要原因是銀行的魯莽行為，他們用客戶的錢在股票市場上進行高風險投資，或把錢借給銀行高層握有股份的公司，所以新政的一個重要部分就是制定新的法規，以防止銀行在未來再有這種行為。緊急銀行法（Emergency Banking Act）允許銀行重新開業，但要在聯邦的監管之下。這些嚴格的聯邦法規被認為對經濟的整體健康是必要的，就像科學家們現在敦促對溫室氣體的排放進行嚴格監管，以保護地球的整體健康一樣。

其他新政計畫首次為美國大部分農業地區帶來了電力，並在城市建立了一大批低成本的住房。在美國中部，乾旱使大片的農地變成了塵暴區（Dust Bowl），所以農業援助的重點在於保護土壤。透過創造就業機會保護人們的生計，新政計畫使美國從大蕭條中恢復過來。

新政解決失業問題的一種辦法是推動一個名為「平民保育團」（Civilian Conservation Corps, CCC）的計畫。這個組織的建立是為了給年輕人——包括年紀大一些的青少年——提供工作。志願者們必須報名參加至少六個月的工作。他們有飯

一九三三年，年輕人在加州內華達山脈東側（Eastern Sierra）的一個平民保育團營地裡打掃「盥洗室」。平民保育團是讓美國走出大蕭條的新政的一部分。

吃，住在工作營地的宿舍裡，每個月有少量工資——他們被預期把大部分工資寄回家，以幫助他們的家計。成千上萬的人在平民保育團期間學會了讀寫，或者取得新的工作技能。

作為接受這些福利的交換，志願者們為公共計畫工作，主要是在戶外和西部地區；這給環境帶來了廣泛的益處。在平民保育團計畫期間，志願者們種植了超過二十三億棵樹。他們新建或改善了道路、橋梁、防洪堤壩與攔水壩，以及其他公共建物。許多計畫位於美國的國家公園與州立公園，包括由平民保育團協助設立的八百個新的公園。今天我們仍然可以看到大量的這些建物。

在一九三五年的高峰期裡，平民保育團在二千九百個營地裡有共計五十萬名志願者。在平民保育團的九年期間裡，有多達三百萬美國男子參加了這項計畫。非裔美國男性可以參加，但是營地是按種族分開的。婦女不能參加，只有一個營地例外，她們在那裡學習製作罐頭和其他家務技能。

其他新政計畫在美國各地留下了持久的遺產，公共事業振興署（Works Progress Administration）僱用人們建造學校、道路、機場等等。

從一九三三年到一九四〇年間，新政總共設立了三十多個新機構，政府直接僱用了一千多萬人。

新政最大的缺點是，它壓倒性地偏向白人男性勞動者。婦女、黑人、墨西哥裔美國人以及原住民受益較少。儘管如此，新政證明了，一個社會可以在短短十年內做出巨大的改變。新政表達了一種價值觀的轉變。重點從不計成本追求財富與利潤，轉變成幫助他人與重建一個更安全的經濟和社會。

隨著價值觀的轉變，政府的責任與聯邦的支出也有迅速的變化。為了處理迫切的危機，政府採取快速的行動，並完成了一次巨大的轉型。當今天的人們說，並沒有那麼多錢來支付對抗氣候變遷所需的改革，或者說一個政府或經濟體不可能動作那麼快，新政的例子就提醒我們，錢當然有，快也不是問題。

在新政期間，並不是一切都由聯邦政府用納稅人的錢來支付。羅斯福政府建立了保險和貸款計畫，鼓勵銀行與個人進行經濟投資。所以新政是由政府與私人資金組合起來支付的，使數百萬家庭擺脫了貧困。如果我們決定改變一切，那麼同樣的事情今天也可以發生，而且沒有新政的種族與性別排斥。

新政中的年輕人

「當我想到我們可能會失去這一代年輕人時，我就陷入真正的恐懼中，」埃莉諾．羅斯福（Eleanor Roosevelt）在一九三四年說。「我們必須讓這些年輕人在社會裡扮演積極的角色，讓他們覺得自己是必要的。」

富蘭克林．羅斯福總統的妻子認為，她先生的新政為年輕人做得還不夠，許多青年男女找不到工作。其他人則無法負擔繼續讀大學的費用。埃莉諾．羅斯福與教育工作者一起推動了一個專門為這些人服務的計畫。

結果就是在一九三五年成立的國家青年署（National Youth Administration, NYA）。國家青年署向高中和大學學生提供獎助金，學生則以兼職工作為交換。這使學生能夠留在學校，而不必借錢或離開學校去找工作。比如，愛達荷州的一個年輕人在當地基督教青年會教課，以換取國家青年署的資助；這使他能夠留在專科學校繼續讀書。

對於那些未在學校就學但也找不到工作的年輕人，國家青年署則透過聯邦工作計畫提供在職訓練，後來又把重點改成教導年輕人取得工作技能，比如縫紉或汽車修理。

在美國加入第二次世界大戰後，青年男女也學習與國防有關的技能。國家青年署訓練女孩們在醫院裡操作X光機，在飛機製造廠使用電鑽等工具機，以及組裝無線電機。

新政最早的制定者設立國家青年署，是因為他們知道，他們不能忽視年輕人。就像今天年輕人的狀況一樣，他們也拒絕被忽視。不論我們為了解決氣候變遷與氣候不正義的問題做出任何改革，你們這個世代都將參與此一改革，正如同新政的年輕人找到了使用他們的技能或學習新技能的方法。你將在下一章看到，你已有或你新學到的技能，都可以成為你的行動主義的一個寶貴的部分。

地球的馬歇爾計畫

新政並不是現代歷史上唯一一次人們以快速且大規模的行動來面對巨大的挑戰。在第二次世界大戰期間（一九三九年到一九四五年），西方國家一夜之間改造了他們的工業，以對抗希特勒的德國。原先生產洗衣機與汽車等消費產品的工廠以驚人的速度改為製造船艦、飛機與武器。

人們也改變了他們的生活方式。為了把油料讓給軍隊，他們停止或減少開車。在英國，幾乎沒有任何非必要的駕駛行為。北美人開車的次數也大大減少。在一九三八年與一九四四年間，加拿大的公車和火車等公共交通工具的使用率上升了百分之九十五，美國上升了百分之八十七。

人們在自己的院子裡或社區的土地上種植自己的食物，好為軍隊挪出更多糧食。一九四三年，二千萬美國家庭擁有「勝利花園」，這意味著全國五分之三的人口在種植新鮮蔬菜。

當戰爭結束時，西歐和南歐處在一個嚴重受創的狀態。經濟被破壞了，許多城市和景觀也是如此。

美國國務卿喬治．馬歇爾（George C. Marshall）說服國會，美國應該幫助歐洲國家重建，包括戰爭期間的主要敵人德國。他認為，這將是美國與資本主義的長期利益。一個復甦的歐洲將為美國產品提供一個不斷成長的市場。

一九四八年四月，國會同意了後來被稱為馬歇爾計畫的提案。該計畫的支出最終總額超過一百二十億美元，是美國史上到當時為止規模最大的援助計畫。援助項目從運送食品、燃料與醫療用品開始，第二階段則是對重建發電廠、工廠、學校與鐵路進行投資。

馬歇爾計畫對於歐洲的工廠、企業、學校和社會福利得以重啟做了很大的貢獻。而且，正如馬歇爾所預言的那樣，透過扶助歐洲受困國家，美國也幫助了自己。它與這些國家建立了更穩固的貿易與政治連繫；如果沒有馬歇爾計畫，這些國家無法這麼快就準備好參與國際貿易。

今天，隨著氣候危機的到來，有些人呼籲為世界制定一個全球或綠色馬歇爾計畫。最早談論這個問題的人之一是安荷莉卡．納瓦羅．拉諾斯（Angélica Navarro Llanos）。

我是在二〇〇九年認識納瓦羅．拉諾斯的。當時她正代表南美國家玻利維亞參加國際會議。那時她剛剛在一個聯合國氣候會議上發表了演說，她在演說中表示：

> 現在在小島國家、最低度開發國家、內陸國家以及巴西、印度、中國以及世界各地的弱

勢社區裡，有數百萬人正在承受一個問題的苦果，而且這個問題不是他們造成的……我們需要一個為了地球而設計的馬歇爾計畫……以確保我們在減少排放的同時，也能提高人們的生活品質。

地球馬歇爾計畫可以是一個機會，讓比較富裕且工業化時間比較長的國家對世界上其他國家償還他們的氣候債務；我們在第三章對此已有討論。這些較富裕的國家不只可以推動自己從化石燃料轉為再生能源的經濟轉型，而且還可以提供資源，讓世界其他國家做同樣的事情。這也可以讓廣大地區的人類擺脫貧困，並為人們提供現在所缺乏的服務，比如電力和乾淨的水。

如果我們要讓世界做好準備，以面對及對抗氣候變遷，則我們必須停止新的煤礦、離岸石油鑽探，以及壓裂開採新的油田與氣田。但是除此之外，我們也必須減少現在已經存在的煤礦、石油鑽井與壓裂油田，並最終停止使用。再者，在我們減少使用化石燃料的同時——包括減少由其他活動（比如機械化農業）造成的溫室氣體排放——我們必須迅速提升再生能源的使用與生態農業的方法，以使我們能在本世紀中期時把全球碳排放降到零的水準。

好消息是，要做到這一切，所需的工具與技術我們統統已經具備。更多的好消息是：當我們從化石燃料的經濟轉型為無碳排放的經濟時，我們可以在世界各地創造數億個好工作。許多種類的工作將需要招募新血：

- 再生能源技術的設計、製造與安裝，比如太陽能板與風力發電機。
- 電力驅動的公共運輸系統（比如高速鐵路）的建設與營運，以取代大部分的車輛駕駛與飛航旅行。
- 被汙染的土地和水的除汙工作，將被損害的野生動物棲地與荒野地帶予以恢復與保育，以及植樹造林。
- 對家庭、企業、工廠和公共建築等建物進行升級，以提升其能源效率。
- 教育兒童，提供心理健康的支援，照顧病人和老人，以及藝術創作——所有這些都已經是低碳的職業，而且經過正確的調整之後還可以更為低碳。

像這樣的計畫會很昂貴嗎？是的，但是新政與馬歇爾計畫證明，在必要的時候，政府可以找到資源。比較近的例子是，在二〇〇八至二〇〇九年的金融危機與經濟衰退之後，為了提振經濟，美國政府耗費巨資對破產的金融機構進行紓困。然後針對二〇一九新型冠狀肺炎疫情造成的經濟衰退又做了一次。這筆錢是存在的——只要需求明確，而且人們有需要。

而氣候行動的必要性是非常明確的。美國與世界各地的人們與運動正在呼籲他們的政府，要以全面性的改革方案來面對氣候危機。

使我們遲遲無法進展的，是我們對化石燃料的依賴、跨國能源與農業公司的力量，以及「一切按照正常」的束縛。這些因素不只在破壞我們的星球，而且也破壞人們的生活品質。

人們受到各種傷害：超級富豪與所有其他人的差距越來越大；窮人與原住民的權利遭到踐踏；橋梁、堤壩與其他公共工程的荒廢崩塌；這些傷害都不下於氣候變遷的影響。我們能指望目前的經濟體系來推動這些改變嗎？不太可能。自由市場理念的興起，使政府有責任監管企業行為的觀念遭到削弱。而沒有監管，企業就沒有理由違背自己的利益——亦即追求獲利。

我們需要深層的轉型來確保我們最好的未來，而要完成這種轉型，我們需要一個同時處理氣候變遷以及改革其背後經濟模式的計畫。這樣建立起來的社會與經濟不只將能保護與更新我們這個星球上的生命支持系統，同時也尊重與支持我們所有依賴這些系統的人。

做出這麼大、這麼廣泛的改變是一項巨大的任務，就像新政、第二世界大戰的戰爭投入和馬歇爾計畫一樣，我們需要新的法案與法規來實現大規模的轉型。政府將不得不改變他們使用預算的習慣來支付這筆費用。人們已經提出了許多轉型的願景，為了強調我們在歷史上已經有了先例，這些提案大多被稱為綠色新政（Green New Deal）。

綠色新政——以及更多

二〇一八年底，在美國眾議院議長即將上任前，有一群叫作「日出運動」（Sunrise Movement）的年輕氣候運動者到她的辦公室前靜坐抗議，登上了新聞版面。這個由青少年領導的運動認為，政府高層對氣候危機做得不夠，所以他們把危機帶到政府面前。

日出運動的成員即使年紀太小還不能投票，也都對政治有強烈的興趣。他們敦促選戰中的候選人拒絕接受化石燃料業者的獻金。他們支持那些贊成再生能源的候選人。

最重要的是，日出運動的年輕人呼籲政治領袖提出一個綠色新政的計畫。這樣的計畫將結束美國對化石燃料的依賴，同時也創造保護環境的工作，也保證社會正義與氣候正義的實現。

自二〇〇〇年代中期以來，環境版的新政就一直受到討論。經濟學家、環保主義者以及一些政治人物在美國、英國以及聯合國提出了這個構想。但是在二〇一八年秋天，它開始成為一個主流的政治問題，因為這時聯合國政府間氣候變遷專家委員會發布了報告，詳細說明了各國如果要在二一〇〇年時把全球暖化控制在攝氏一．五度（華氏二．七度）以內，應該採取哪些行動；我們在第二章已有所介紹。

二〇一九年初，國會議員亞歷山卓雅·奧卡西奧—科爾特斯與參議員艾德·馬基（Ed Markey）向美國國會提出了一個可能的計畫，作為一項綠色新政的決議案。

該決議案要求，國會應承諾推動美國走向零碳排放，並為快速達到所有能源都來自潔淨再生資源的目標背書。實現這個目標的方法包括：

◆改善現有建築物，並與建新的建築物，以提升能源與水的使用效率。

◆支持乾淨的生產製造，比如改用不同的原料與技術，以減少工業與製造業的汙染與溫室氣體。

◆投資更高效率的電網，並努力使電力更可負擔與乾淨。

今天的年輕人加入呼籲綠色新政的行列，以建設一個適合居住的未來。

- 澈底翻新美國的交通系統，包括對公共運輸、高速鐵路以及不排放溫室氣體的車輛進行投資。

奧卡西奧．科爾特斯與馬基所提出的綠色新政的版本，目標不只是減碳，而是進入了用廣泛改革來改善社會的領域。它希望能保證，所有美國人都能得到足以養活家庭的工作、包括專科大學在內的教育、高品質的醫療保健及安全可負擔的住房，而且「可獲得乾淨的水、乾淨的空氣、健康與可負擔的食物，以及大自然。」這個提案強調，所有這些東西都是國民權利，而非少數人的特權，絕不能只因為缺錢就被拒絕提供。

這項綠色新政的目標是把公平與正義的理想付諸實踐，同時也對抗氣候變遷。它所帶來的益處將遠遠超過限縮氣候變遷。對就業與環境的保護而言，它將是一劑巨大且救命的強心針。一些長期在黑人與白人之間、國民與移民之間、女性與男性之間、原住民與非原住民之間製造不平等與不正義的制度，將開始崩潰。

參議員馬基與眾議員奧卡西奧—科爾特斯提出的決議案在參議院投票中沒有獲得通過。但是有一些美國參議員與眾議員支援某種形式的綠色新政，儘管其中一些人只想著重環境與氣候的解決方案。輿論也會持續要求在氣候變遷方面有所進展。另一項綠色新政的提案也將在不久後被送進國會。

在其他國家，民眾與政黨也在呼籲類似的計畫。在加拿大、澳洲、歐盟、英國以及其他國家，選民與他們的領導者將被要求做出選擇：要麼致力推動某種版本的綠色新政，要麼讓「一切按照正常」繼續增加大氣中的碳。

當我們真的採行一項綠色新政時，我們必須避開那些過去讓我們失敗的錯誤。我們必須確保，沒有人因為缺乏政治權力而被排除在外或被丟在後面。我們必須認識到，當牽涉到氣候變遷時，商業利益與一般人及地球的利益是不一樣的。我們決不能讓公司與商業的利益做全部的決定，儘管我們也必須努力維持我們的經濟，包括支持那些協助解決問題的企業。我們必須在共同與民主的決策基礎上尋求深遠的改革，讓我們全部的聲音都被聽到。

我們需要的不只是一個漆成綠色的新政，或者一個裝上太陽能板的馬歇爾計畫。與羅斯福新政中高度集中的水壩和化石燃料發電廠不同，我們需要有許多來源的風電與太陽能，並且要在可能的範圍內由社區擁有。

與過去無限蔓延的白人郊區與種族隔離的舊城區住房不同，我們需要有優美設計、種族融合、零碳永續的市區住宅，而且納入有色社群的參與，而不是完全交由利潤至上的房地產開發商與投資人來打造。

與其把自然資源與公有土地的保育工作交給軍事和聯邦機構，我們需要讓原住民社群、小農與小牧場主以及從事永續漁業的人獲得更多權力。他們可以領導一個種植數十億棵樹、修復溼地、更新土壤與珊瑚礁的過程。

換句話說，我們需要一些我們從來沒有這麼大規模嘗試過的東西。我們建設社會時要秉持一種核心理解，那就是全體的福祉比經濟成長更重要。唯有如此，我們才能真正擺脫破壞氣候的汙染與氣候不正義。

另一件我們還沒有嘗試的事情，是償還你在第三章中讀到的氣候債務。這能幫助比較貧窮的國家減少他們的碳排放以及往乾淨能源邁進，對全世界都有益處。

我們也可以試著拒絕一種以購物為重心的生活方式。這個世界並沒有足夠的資源與能源讓每個人都過奢侈消費的生活。不過，我們可以用不同的方式來改善每個人的生活品質。

美國和其他許多社會已經被困在一種信念裡，以為「生活品質」意味著更努力工作，消費越多的東西，以及獲得財富。但是，如果這真的能讓我們快樂，那我們會看到如此多工作壓力、抑鬱症與藥物濫用嗎？如果經濟的設定是讓人們減少工作，以使他們有更多時間用在友誼、娛樂、進入大自然，以及創造與欣賞藝術呢？研究顯示，這些確實能讓人們更快樂，所需的能源與資源，比起不斷製造消費商品，也遠遠少得多。

最重要的是，我們這個星球健康與否，將決定我們所有人的生活品質。當數百名日出運動的年輕成員在國會大廳裡排成隊伍高呼口號時，他們穿的襯衫上面有「**我們有權獲得適合居住的未來與好的工作**」的字樣。他們拉著布條，上面寫著**我們有十二年的時間。你的計畫是什麼？**而且他們提供了遠遠不只是對問題的批判，他們提供了一個故事，講述在採取深刻改革後，世界會是什麼樣子，也提出了一個如何實現的計畫。

氣候運動擅長對汙染說不，對更多的鑽探與開採說不。綠色新政則是不一樣的東西。它除了那些「不」，還是一個巨大且大膽的「好」。它不只告訴我們不能做什麼。它還告訴我們可以做什麼。

你的這個世代正在擴散綠色新政的願景。年輕人告訴我們，政治人物不能再迴避這件事，而且他們是對的。

Buen Vivir，一起好好生活

如果我們放棄舊觀念，不再把自然看作需要被人類征服與消耗的對象，那麼有什麼新觀念可以取代？是否有一種不同的方式來看待世界，以及我們在其中的位置？

有的。一個例子是 **buen vivir**，西班牙文的「好好生活」。厄瓜多與玻利維亞的社會運動用這個標語來表示「一起好好生活」。**buen vivir** 是一種生活態度，是源自於這些南美國家的原住民信仰。它提倡和諧的關係——不只是人與人之間的和諧，也包括人與自然界之間的和諧。**buen vivir** 尊重文化、共同的社群價值以及其他生物。它認為人類跟地球及其資源之間，是一種生活伙伴的關係，而不是作為它們的擁有者或主人。

美好生活的主旨是人有權享有美好的生活；在這樣的生活裡，每個人都擁有

足夠的東西，而不是在持續的消費主義中擁有越來越多東西。南美各地的社會運動正在把 **buen vivir** 作為討論社會、經濟與環境問題的起點。

紐西蘭的一場勝利反映了 **buen vivir** 的價值觀，儘管這場勝利不是在南美洲，而是在太平洋的彼岸贏得的。

毛利人是現在被稱為紐西蘭的這個地方的原住民。二〇一七年，經過一個多世紀的請願和法律訴訟，生活在旺格努伊河（Whanganui River）沿岸的毛利人為這條河贏得了合法的「人格權」。紐西蘭政府正式承認，這條河不論物質或精神上都養育著毛利人。政府保證，這條河在法律上擁有與一個人或公司相同的權利。這個法案開啟了新的可能性，讓我們在表達我們的價值觀、保護自然世界以及改變我們與自然的互動方式方面，有更多的空間。

強大的運動

在我們規劃綠色新政的願景時，今天的氣候與正義運動者可以從原先的新政與馬歇爾計畫中汲取寶貴的教訓。一個教訓是，我們總是可以找到新方法來解決危機。

在一九三〇年代，美國面臨著經濟蕭條與失業的緊急情況。在一九四〇年代與一九五〇年代，美國則面臨著歐洲與亞洲已被戰爭擊垮的災難。

在這兩個狀況下分別發生了什麼？整個社會——包括消費者、工人、生產者以及政府的所有層級——都加入了危機的應變。社會的許多部門都團結起來，進行了深刻的改革。他們有明確的目標：在大蕭條期間為失業者創造就業機會以拯救經濟，並把在二戰中被壓垮的歐洲大陸重新扶持起來。

另一個教訓是，過去解決問題的人並沒有只尋找問題的單一答案，他們也不是單純地只碰觸表面問題。在新政與馬歇爾計畫中，解決方案是一系列很廣泛的行動。人們被安排在公共計畫上工作，政府與產業界在規劃上攜手合作，銀行獲得誘因對特定計畫進行投資，個人消費者改變了他們的習慣。

看到為了對抗氣候危機需要做多大的改變，我們很容易感到喪失信心，特別是當我們眼前還有這麼多其他的迫切危機，包括種族主義以及公共衛生的緊急情況，比如新型冠狀病毒疫情。但是歷史上的例子告訴我們，當有雄心的目標與強有力的政策結合在一起時，社會幾乎所有面向都可以改變，以便在急迫期限內達成一個共同的目標。

新政與馬歇爾計畫的例子所告訴我們的不止於此。這兩個計畫都有起步失誤、實驗性以及半途中路線修正的狀況。我們可以得到的教訓是，我們不必等清楚每個細節之後才開始。我們可以直接跳進去，以行動開啟重大且迫切的計畫，比如對抗氣候變遷與實現社會正義的綠色新政。

如果我們不開始，就永遠不可能辦到。

歷史為我們提供了另一個教訓，這可能是所有教訓中最重要的一個。這個教訓是這樣的：大多數使社會更加分享與更公平的改革，都只因為一件事而發生，那就是大群有組織的人從不停止施加壓力。換句話說，就是社會運動，比如一九六〇年代的美國民權運動；這個運動終結了美國在學校與公共生活中合法的種族隔離。

運動就是綠色新政成敗的關鍵。任何想推行綠色新政的總統或政府，都需要強大的社會運動在背後支持，要求改革，並抵抗那些拒絕放棄有害舊模式的勢力。而且這些運動不能僅止於支持領袖與政府，也要引導他們的國家走向改革——他們將必須推動這些領袖與政府做更多的事情。正如納瓦羅·拉諾斯（Navarro Llanos）在敦促地球馬歇爾計畫時所說的，我們人類需要做一些比過去任何時候都更宏大的事情。

我們需要行使我們的政治權力，投票選出那些將真正為氣候計畫而努力的政治人物。但這些大問題將不會只透過選舉就能解決。在接下來的幾年裡，社會與氣候運動所施加的壓力將決定，會不會有一個綠色新政把我們從氣候懸崖上拉回來。

一群人之所以能匯聚起來形成運動，是因為兩件事。第一是因為有共同的目標或目的；第二是有決心讓他們的想法被聽到，哪怕既有的權力結構試著淹沒或忽視他們。運動可以很小——可能是三個學生想說服他們的學校建立一個授粉花園（pollinator garden）來餵養蜜蜂與鳥類；運動也可以很大，比如潮水般充滿城市街道的遊行抗議。

一場運動可以從很小的規模開始，比如一個瑞典中學女生坐在台階上，舉著警告氣候變遷的牌子，然後發展到世界各地。

第九章

年輕運動者的工具箱

你還在讀中小學嗎？如果是的話，到了二〇三〇年時，你將是一個年輕的成年人。到那個時候，世界應該已經把碳汙染總量減少近一半。僅在二十年後，也就是二〇五〇年，碳汙染就應該要下降到零。

正如你在本書中所看到的，如果要在這個世紀結束時使地球溫度上升不超過攝氏一．五度，我們最好的機會就是守住這個時間表。

至於我們要或不要削減這些排碳，這些決定將影響你們的一生。這些決定將在你們當中多數人達到可以投票的年齡之前就被做出。但是透過你們今天的行動，你們可以一直提醒政治領袖與候選人，很快地，你們有一天也會投票。而且不論多小的年紀，都可以一起為適合居住的未來而奮鬥。

本章接下來對於如何採取行動有一些建議。根據年紀的大小，可能有一些建議比其他更適合你。

本章所說的事，也許有一件你已經在做了，或甚至不只一件。如果是這樣的話，你真的很棒！任何行動都會有幫助，所以你應該感到自己越來越有力量。

如果你還沒有找到採取行動的路徑，我希望這些工具當中會有你想要使用的。而且，因為你是有冒險精神、思想活潑、也充滿創造力的人，你可能會發明其他方法來使用這些工具，或甚至找到全新的工具！

氣候變遷進入學校

如果你是一個年輕人，你有可能很多時間都在學校度過。你的學校有教氣候研究嗎？有多少時數，在哪些年級？你的地球科學課裡有氣候變遷的部分嗎？

二〇一八年英國有一份研究指出，超過三分之二的學生希望學校能教更多關於氣候變遷與環境的知識。研究還顯示，大約相同比例的老師想教更多這些主題。但是許多老師覺得還沒有足夠的準備來教這些內容。

現在，在一些國家裡，氣候變遷的教育漸漸成為學校課程的一部分。二〇一九年，義大利的最高教育官員說，每個年級的學生很快都要開始學環境永續與氣候變遷。東南亞國家柬埔寨也表示，高中生新的科學課綱要加入氣候變遷的部分。

在美國，十九個州與華盛頓特區已經採用了「次世代科學標準」（Next Generation Science Standards, NGSS），這套標準是在二〇一三年推出的，它規定了不同年段的學生應該知道哪些科學知識。次世代科學標準規定，在採用這個課程標準的州裡，科學課程必須包含氣候變遷。例如說，國中與高中的學生將會學到人類活動和氣溫上升之間的關聯性，他們也會學到比化石燃料更不汙染的替代能源。

其他二十一個州已經採用了另一個不同的科學教育框架，要求從幼稚園到高中的科學教學要包含氣候變遷。你應該能夠在州的官方網站或者州教育部的網站上看到你所在州的科學教育標準。

如果你的學校沒有教氣候研究，或者你覺得需要更多關於這個主題的課程，你可以找找看是誰在決定你學校的課程。在某些情況下，是由學科老師自己決定要教多少氣候科學的，以及要怎麼教。在其他情況下，這些決定可能是由你學區的學校董事會或教育委員會來做的。

一旦你知道決定是在哪裡做出的，你可以寫信要求他們提供更多的氣候教學，或者發起一個請願，請你的同學簽名。你也可以看看是否可以參加一個親師協會或學校董事會的會議，親自分享你的想法。

你將發現，無論你選擇哪一條途徑，為你的目標準備一個清楚明確的說法會很有幫助。準備好對別人解釋，你想要什麼，以及你的理由。你也許會發現，其他學生跟他們的家長也想要同樣的東西。

你也可以問自己，你的班級或學校是否曾請外面的人來演講呢？你可以要求你的老師或校長，去請可以介紹環境議題與氣候變遷的講者前來分享。實地考察課的情況如何呢？如果你的學校有這樣的校外活動，你可以研究一下有哪些目的地可以建議。也許你所在地方上有一個太陽能示範住宅可以提供展示，或者一個風力發電農場，或者一個有氣候變遷展覽的科學博物館。

你也可以把課業重點放在氣候變遷上。如果你要寫一篇讀書報告，或者做一個科學計畫，你可以想辦法讓主題跟氣候變遷有關。你可以研究氣候變遷的危險，但也可以討論有趣的解決方案。

如果是小組專題，你可以看看有沒有同學願意探討一個關於氣候變遷的主題。做家庭作業可以引發父母或朋友跟你聊氣候變遷，他們甚至可能幫助你找到更多研究或者參與的方式。

許多抗議的方式

你已經在這本書裡看到了很多氣候抗議的例子。對一些人來說，抗議意味著參加一個大型的、有計畫的公共遊行或集會，比如全國性的「為科學遊行」（March for Science）或「氣候罷課」（Climate Strike）。這些活動通常讓許多組織和運動的成員聚集在一起。這些活動也歡迎那些不屬於特定團體，但想要一起站出來反汙染的個人。

在大城市，這些活動的規模可能非常大。在二〇一九年九月全球氣候罷課的那一天，有十萬人在紐約上街遊行，在蒙特婁（Montreal）遊行的有五十萬人。但是在小城鎮跟鄉下也有遊行與示威行動，在同一天，南極洲一個研究基地有九個研究人員站在雪地裡，手舉抗議標誌，為全世界的氣候罷課者歡呼和表達支援。

在小社區裡，二十幾個人在主要街道上為氣候問題遊行就可以是很高的參與率了。他們的熱情和關心是真實的，而且在一個小社群裡遊行，可能比起在廣大群眾裡遊行還需要更多的勇氣。畢竟，這個問題是我們所有人要去解決的，而不只是靠那些登上新聞的遊行群眾來解決。

如果氣候罷課被安排在一個上課日，而你想參加，請跟你的父母和老師商量一下。有些學校現在允許所有學生在這些日子裡缺課，一些孩子甚至跟他們的同學、老師們一起去遊行或參加抗議集會。可以問問看老師能不能把抗議遊行當作學校作業——你可以說，你能寫一篇文章闡述為什麼氣候行動對你很重要，或者在遊行後為你的班級或校刊寫一篇報告。

但是上街遊行並不是唯一的抗議方式，其他方法也可以促成改變。一種方式是，公開表示拒絕花錢買某種東西。

人們會抵制那些名聲特別糟糕的汙染企業所生產的產品，或者抵制為這些企業提供融資的銀行。人們還抵制那些替化石燃料公司播放廣告的電視節目。經過社交媒體或寫信運動的擴散，抵制就開始變得強大，這等於成千上萬的人在對一家公司或一個關係體系說：「如果你想要我們的生意，就改變你的方式。」

錢包的力量是真實的。根據耶魯大學對氣候變遷溝通的研究計畫，消費者的抵制行動對公司企業的影響力比大多數人想像的還大。當抵制行動得到全國關注時，大約有四分之一能成功改變企業的做法。比如，由於輿論大眾要求虎鯨得到更人道的對待，在壓力之下，海洋世界便同意停止在監禁環境中飼養這些海洋哺乳動物。透過抵制行動與社交媒體浪潮，Zara 服裝店的母公司也停止在上千個地點銷售毛皮產品。

類似的壓力也可以施加在銀行、保險公司與私人投資者身上，以要求他們不要提供資金給新的化石燃料計畫，比如石油管線與壓裂開採。透過在集會中高喊「切斷融資管道」（#StopTheMoneyPipeline），運動人士呼籲這些金主撤資——也就是把他們的資金從傷害環境或使氣候變遷惡化的計畫中撤出，就像我們在立石保留區的例子所看到的那樣。銀行與其他出資人不喜歡失去客戶，所以當運動人士說他們將不再跟投資化石燃料計畫的金主有生意來往時，後者是會感到壓力的。

撤資運動使化石燃料公司的股票對許多金主與投資者來說不再那麼有吸引力。每個大型機構，如大學、教會、基金會或市政府，都會以某種基金或捐贈基金的形式持有他們的資金，然後這些錢會被投資在股票與債券上。過去，每個主要的基金會都持有對化石燃料公司的投資，但是由於一項由青少年領導、且大致由 350.org 協同推動的化石燃料撤資運動，總額約十一兆美元的各大基金已經承諾，將取消對化石燃料公司的投資。而其中許多基金已經承諾，要改成投資於氣候問題的解決方案。

你也許不是一個有持股部位可以撤資的大投資人，但是作為一個消費者，你仍然可以發出你的宣告。你可以停止跟商店購買食物跟飲料，如果他們不願意用可回收的紙吸管與紙袋來取代塑膠吸管與塑膠袋的話。你可以選擇以植物為基礎的飲食，因為畜牧業是促成氣候變遷的一個主要因素。你可以從當地的書店買書，你可以步行、騎腳踏車或搭公車去書店，或者從你的圖書館借書，而不是從遠處的公司訂購，因為他們會用燃燒能源的方式把書運送給你。

而且當你決定參加抗議遊行或示威活動時，你可以用可重複使用的瓶子帶水去。反對浪費與消費主義的個人抗議行動也能發揮作用。如果你能說服你們全校或甚至校董事會去改變學校的採購與處理廢棄物的方式，這樣的行動甚至能發揮更大的作用。如果你曾讀過本書中介紹的一些年輕氣候運動者的故事，你就會知道，他們當中有些人曾經成功地發起運動，使他們的學校更為環保。或許你也能說服你的學校在屋頂上安裝太陽能板，或者開始以堆肥處理食物殘餘。你可能沒辦法到美國首府或甚至州政府所在地遊行，但是你人在學校，那就把學校變成你對抗氣候變遷的舞台吧。

在南方世界罷課

在高中畢業之前，凡妮莎·納凱特（Vanessa Nakate）成為非洲國家烏干達第一個「未來星期五」運動的氣候罷課者。她是出於對烏干達人的關心，才走上了採取積極行動對抗氣候變遷的道路。

「我想做一些事情來改變我的社區跟國人的生活，」納凱特說。「我的國家非常仰賴農業，因此大多數人都以農業為生。如果我們的農場被洪水或乾旱摧毀，農作物的產量減少，那就代表食物的價格將會高漲。那時，只有最有條件的人才買得到食物。」

納凱特是在研究如何讓大眾注意到這個問題時，瞭解到「未來星期五」氣候罷課運動的。她決定從組織四次罷課開始。人們不知道怎麼看待她們。但是納凱特學到了許多運動者都學到的一課：即使受到別人的嘲笑或批評，你還是可以堅持為你知道正確的事情挺身而出。

「怎麼說，大家看到我在街上覺得非常奇怪，」納凱特說。「有些人講了一些負面的話，比如說我是在浪費時間，政府不會聽我想說的任何話。但我只是繼續堅持。」

凡妮莎・納凱特在烏干達組織了第一次「未來星期五」的氣候罷課。

她一路堅持到了西班牙馬德里；她在那裡跟來自世界各地的氣候抗議者一起參加了二〇一九年的聯合國氣候峰會。

納凱特對媒體報導氣候變遷的方式感到失望。她說：「他們一直在說氣候變遷是未來的事情，但是他們忘記對南方世界的人來說，這是現在的事情。而且他們一定得幫我們報導這些事，因為如果他們不報導，我們的領導者就不會理解我們做這些罷課的重要性。」

媒體，包括社交媒體，對今天的任何運動都是不可或缺的。對於運動者來說，這意味著兩件事：首先，你採取的行動，必須建立在由可靠來源提供的正確資訊上。如果你散布不完整或錯誤的資訊，最終可能會讓你想幫助的事情受到傷害。第二，如果你同意納凱特的觀點，即你所關注的媒體沒有把氣候變遷的重要性報導出來，你可以寫信給報紙、新聞網以及其他資訊來源，要求他們做更廣泛的報導。或者更好的是，你可以準備一封連署信或請願書，找盡可能多的人簽名，然後寄給他們。

探索你的環境

對一些人來說，通往行動主義的道路是一條遠足的小路；或者在公園裡的一次散步，或者在湖裡的一次游泳，親近大自然可以使人走向環境行動主義。

只要花時間在大自然裡，就是一種行動主義的形式。它傳達的訊息是，自然世界很重要，而且是你所關心的。

一個小小的環保行動主義的種子也可能會長成某種巨大的東西。菲利克斯·芬克貝納（Felix Finkbeiner）讀德國小學四年級的時候，有一次學校作業是寫一篇關於氣候變遷的文章。一開始他想寫的是拯救他最喜歡的動物。然後，如他所說的，「我瞭解到這並不是真的關於北極熊，而是關於拯救人類。」

在研究他的作業時，芬克貝納讀到了非洲植樹運動者萬嘉莉·馬泰伊的故事（關於馬泰伊的故事請看第三章），於是他寫了一篇關於植樹可以幫助環境和對抗氣候變遷的文章。在對班上同學報告這篇文章時，他在最後提出一個重大的挑戰：德國人應該在自己的國家種植一百萬棵新的樹木。幾個月後，他種下了他的第一棵樹，那是一棵小酸蘋果樹（crab apple），是他母親幫他買來，好讓他種在學校附近的。他後來開玩笑說，如果他知道這棵樹會得到多少注意，他會跟她要一棵更漂亮的樹。

新聞媒體跟社交媒體把他的事情傳開了：有一個小學生發出宏大的呼籲，請大家多種樹。芬克貝納的號召得到了極大的關注。四年後，聯合國邀請他到紐約發表關於種樹的演講。那時，德國已經種下了第一百萬棵樹。

芬克貝納之後成立了一個叫作「為地球種樹」（Plant-for-the-Planet）的非營利組織，它的目標是在地球上種植一兆棵新的樹木。這個以青少年為主的團體為世界各地的兒童舉辦為期一天的工作坊；孩子們學習如何種樹，以及如何發起他們自己的植樹運動。正如他所說，種樹是小孩們為了對抗氣候變遷現在就可以做的事，而不必等待成年人來解決問題。

你要分享種樹的好處，並不需要先到聯合國發表演說或成立一個組織。不要忘記，芬克貝納的計畫只是從種一棵樹開始的。你可以找找看你所在地區有沒有舉辦植樹日的公園，並問問看你能不能志願加入。或者找找看環保組織——比如奧杜邦協會（Audubon Society）或塞拉俱樂部（Sierra Club）——在你家附近是否有個分會正在推廣植樹活動。或者向你的學校、營地、俱樂部或宗教組織提出一個青少年的植樹計畫。

任何植樹計畫，無論是在你的院子裡新種一棵樹，還是復育一片森林，都需要兩件事才能成功。首先，所種的樹木必須是適合當地的樹木。它們應該是本地的原生

德國的菲利克斯‧芬克貝納現在領導一個要種一兆棵樹的任務。

樹種，這樣它們就能在當地的土壤和氣候中茁壯成長。此外，原生樹種也是當地鳥類與動物理想的食物來源與棲地。第二，樹木必須以正確的方式栽種。這可能意味著要把洞挖到一定的深度，或讓樹苗有一定的間隔距離。這甚至可能意味著小樹在最初幾年要用柵欄圍起來，以保護它們不被動物啃食。出售種植用樹苗的苗圃可以給你這些資訊，組織種樹活動的團體也可以。

此外還有許多其他方法可以親近自然。你可以決定參加露營或賞鳥活動。試試有機園藝，作為一種瞭解土壤與植物生命週期的方式。在學校的花園裡、在院子裡，或者在窗台或陽台上的幾個花盆裡，你可以種植鮮花或新鮮的香草、綠色植物和蔬菜。

志願成為淨化隊員是另一種形式的戶外行動主義。許多城市和當地的環保組織會主持「清潔日」的活動，找一群人在公園、山徑、海灘或河岸上撿拾垃圾。

最後，一些環保組織在世界各地致力於保護地球和野生動物的工作。當中有些組織歡迎年輕的成員，有的則贊助社區裡的健行活動或志願者計畫。

你可以研究一下，看你是否能找到一個吸引你的團體。跟其他人合作也許是你成為環保鬥士的途徑。這也提醒我們，氣候變遷的解決方案不只關係到地球——也關係到與我們共享地球的人。

「我們不能吃錢，也無法喝油」

青少年秋天．佩爾蒂亞（Autumn Peltier）是一位捍衛水的戰士。佩爾蒂亞是加拿大維克維孔（Wiikwemikoong）第一民族的一員。水一直是她生活中的一個重要部分。她的家在安大略省的一個小島上，被休倫湖（Lake Huron）的水所包圍。

當佩爾蒂亞八歲時，她到另一個第一民族的社群拜訪，看到有一個警告標誌是叫人們不要喝沒有煮沸的水，這讓她感到震驚。這使她走上了行動主義的道路。她的偶像是她的姨婆約瑟芬．曼達明（Josephine Mandamin）；後者一生都在保護五大湖的水域——位於加拿大與美國之間的五大水體。曼達明曾經繞所有五個湖走了一圈，以呼籲人們關注水汙染的問題。

佩爾蒂亞開始大聲疾呼護水的重要性。她是如此賣力奔走，以至於在十四歲時，佩爾蒂亞被阿尼西納貝克民族（Anishinabek Nation）任命為首席水事務特派員（Chief Water Commissioner）——她的姨婆生前也曾擔任過這個職務。這使佩爾蒂亞成為安大略省四十個第一民族水資源保護的主要發言人。佩爾蒂亞說，姨婆是她的英雄。她說：「我將繼續她的工作，直到沒有必要為止。」

佩爾蒂亞的確把她姨婆的工作繼承下來了。她曾對加拿大總理以及在聯合國的會議上發表談話，主張所有人都有權利獲得清潔與安全的水，也強調無汙染的水對環境的重要性。她呼籲，損害或威脅人們水源供應的工業與商業計畫都應該停止。二〇一九年，當她十五歲時，她在一次聯合國會議上說：「我已經說過一次，我還要說一次，我們不能吃錢，也無法喝油。」她的話提醒我們，即使在富裕的國家，也有一些社區還沒有安全與健康的水源。通常這些是黑人與原住民居住的社區。美國的一個例子是密西根州的佛林特市（Flint），那裡的居民多年來一直在為一個失敗的水資源管理系統與無法飲用的水而抗爭。佩爾蒂亞的行動主義是來自於一個基本原則：乾淨的水不應該是某些人的特權，而應該是所有人的權利。

參與政治

科馬爾．卡里希瑪．庫馬爾（Komal Karishma Kumar）說：「我們將動員起來，用選票把你淘汰掉。」這位來自太平洋島國斐濟的年輕女性在二〇一九年九月對聯

年輕的氣候運動者對「一切按照正常」的政治領袖提出警告：年輕人希望政治能有所改變，而且他們當中每天都有更多人開始可以投票。

合國官員發言。她跟其他年輕的氣候運動者告訴會員國的領袖，孩子們正在注視他們。當他們到了可以投票的年齡，他們會記得誰採取了對抗氣候變遷的行動，而誰沒有。

你可能還有幾年才能投票，但是你並沒有小到不能參與政治。你往後一輩子所將生活的世界，是今天的政治領袖用他們對氣候變遷的行動（或不行動）所創造的。現在開始讓他們知道你在關注，一點都不會太早。

如果政治行動讓你聽來像是實現社會正義或對抗氣候變遷的最佳途徑，那麼就從找出誰是你選區的政治人物開始吧，從地方上到國家層級。他們對全球暖化跟氣候變遷的議題說了什麼？他們對窮人與原住民的權利說了什麼？他們的行動符合他們的聲明嗎？

可以考慮去旁聽市政會議——你的領導者在那裡回答問題，並與社區討論各種議題。如果你的領導者不舉行市政會議，可以考慮寫信給他們。如果他們已經投票贊同或已經採取行動來支持公平與對抗氣候變遷，就感謝他們。如果他們沒有，就對他們解釋，什麼問題對你最重要，以及理由為何。

越來越多的政治人物開始意識到，他們需要開始注意年輕人。你也許還不是一個選民，但你是一個未來的選民。你也可能有能力影響你家裡的長輩如何投票。

說到投票，如果你的年齡已經到了可以投任何一種票的話，就請去投票吧。請研究候選人的立場，請支持那些最能代表你的觀點、最符合你對未來希望的人。你可以志願協助他們的競選活動。

終極的政治行動主義，就是親自參與政治。如果政治會帶給你很大的活力跟熱情，你可以考慮競選公職。如果在你在學校或大學裡有一個可以競選的職位，你能不能在競選活動中納入社會正義或氣候變遷的議題？你的聲音可以告知或鼓勵他人，讓更多人涉入這些議題。

在學校以外，世界上有許多地方的選民正選出年輕人擔任公職。紐西蘭的克洛伊•史禾碧克（Chlöe Swarbrick）代表綠黨競選公職。綠黨是對於保護環境與對抗氣候變遷採取堅定立場的政黨。她在年僅二十三歲時就當選為紐西蘭國會議員。

在澳洲，選民們在喬爾登．斯蒂爾-約翰（Jordon Stelle-John）二十二歲時把他送進國會。作為第一位當選的身障議員，斯蒂爾-約翰代表澳洲綠黨，一個支持生態永續、社會正義以及社區民主的政黨。

斯蒂爾-約翰說，澳洲應該像歐洲和南美的一些國家一樣，把投票年齡降低到十六歲。幾十萬年輕人已經明白表示，他們對未來非常關切。當「一切按照正常」顯然行不通時，年輕人也可能比成年人更不覺得有必要保護這種模式。如果每個國家十六歲的孩子都可以投票，我們會不會更接近一個公平與可居住的氣候未來？

使用法律

你已經在這本書中看到年輕人如何利用法律來挑戰政府、汙染者和管線開發商的例子。從對聯合國遞交氣候相關的投訴，到對各個國家與公司提起訴訟，隨著氣候危機越來越急迫，法律行動可能也會越來越普遍。另一個現在正在進行的案例是在太平洋島嶼國家。

所羅門．約奧（Solomon Yeo）跟其他七個來自這些國家的法律系學生在二〇一九年成立了一個名為「太平洋島嶼學生對抗氣候變遷」（Pacific Islands Students Fighting Climate Change, PISFCC）的運動組織。「太平洋島嶼學生對抗氣候變遷」

是「氣候行動網路」（Climate Action Network）的一部分；後者是一個跨國運動團體的聯合會。「太平洋島嶼學生對抗氣候變遷」的使命是用法律手段來對抗氣候變遷。它已經要求太平洋島嶼國家的領袖在聯合國以及國際法院（International Court of Justice，ICJ）對氣候變遷採取法律行動。

該組織指出：「首先，氣候變遷正在威脅我們在國際法下的基本人權；其次，我們作為太平洋島民，必須盡一切努力來對抗全球碳排放。」約奧希望把氣候變遷的案件提交給國際法院，將能「幫助各國瞭解他們對保護未來世代的責任」。

約奧跟其他年輕的氣候運動者知道，法律行動通常耗時費日，而且可能成本昂貴。但是，就像政治和抗議一樣，法律是運動者在必要情況下可以使用的一種工具。

你也可以找一種辦法來支持現有的氣候正義的訴訟，就像你在第六章中讀到過的，許多年輕人簽署了「零時」組織的請願書，以聲援提起朱莉安娜訴訟案的孩子們。到某個時候，你甚至可以跟其他想法一致的年輕人一起，探討如何啟動你們自己的氣候訴訟。法律並不總是一個容易使用的工具，但它可能是最強大的工具之一。

綠色藝術

在羅斯福的新政期間，有創造力的人做出了歷史性的藝術作品。政府對他們提供協助，就像幫助其他工人一樣。透過公共事業振興署與美國財政部，聯邦計畫為數以萬計的畫家、作家、音樂家、劇作家、雕塑家、電影製片人、演員以及手工藝師傅提供了有意義的工作。黑人與原住民藝術家得到了比從前更多的支援。

結果是創造力的大爆發。光是聯邦藝術計畫就產生了將近四十七萬五千件視覺藝術作品，包括兩千張海報、兩千五百幅壁畫以及十萬幅公共空間的繪畫。聯邦音樂計畫提供了二十二萬五千場演出，觸及了一．五億的美國觀眾。

在大蕭條的苦難時期，這些藝術大部分只是為了給人們帶來歡樂和美麗。不過，也有些藝術家是為了捕捉這種苦難，他們想展示，為什麼新政是如此迫切與必要。

今天，當我們為了拯救我們的星球與我們自己而奮鬥時，藝術也可以做相同的事。它既可以給我們帶來歡樂，也可以提醒我們為何奮鬥。

關於氣候變遷的警告，有時看起來像是無止無盡的可怕事實與影像，告訴你事情

有多糟，或者將變得多糟。這些事實與影像有它們的功能，但是我們也需要一些能給我們希望的圖像、歌曲和故事。我們需要一種藝術，它能描繪一個正面的未來，以及我們如何走向那未來。

這就是七分鐘動畫片「來自未來的消息」的精神。你也許已經在學校裡看過了，這部影片已經被分享到從小學低年級到大學的課堂上，在網路上也可以免費觀看。我跟藝術家莫莉．克拉伯普（Molly Crabapple）、國會議員亞歷山卓雅．奧卡西奧-科爾特斯（Alexandria Ocasio-Cortez）、電影製片人與氣候正義組織者阿維．劉易斯（Avi Lewis）（他也是我的丈夫），以及其他許多人，一起創作了這部影片。

這是一個設定在未來的故事。故事是，在關鍵的時刻，美國——這個星球上最大的經濟體——有足夠多的人開始相信，我們值得被拯救。影片中呈現了由綠色新政建設的未來。在一片豐盛繁茂的景象中，奧卡西奧-科爾特斯站在未來世界，告訴我們後來發生的事情：

我們改變了我們做事的方式，我們成為一個不只現代化與富裕，而且也有尊嚴與人性化的社會。由於致力於實現讓所有人享有醫療保健與有意義工作等普世權利，我們不再那麼害怕未來。我們不再害怕彼此，我們找到了共同的目標。

如果你看了這部影片，就會看到，「來自未來的消息」用來啟發現在的行動主義的方式，就是鼓勵我們相信**改變是可能的**，並幫助我們描繪成功後的世界。

其他藝術家也在尋找新方式來表達他們對氣候正義的想法。澤維爾·柯塔德（Xavier Cortada）是住在邁阿密附近的環境藝術家，他畫了幾千個有數字的告示牌，上面有標記海面的波浪線。他把這些告示牌送給在邁阿密郊外派恩克雷斯特村（Pinecrest）的屋主。每個屋主的告示牌都標示海面要上升多少才能淹沒他的土地，例如一個寫著「三」的牌子就表示，海平面上升三英尺，房屋所在地就會被淹沒。孩子們發現了這件事，也開始畫類似的告示牌，放在道路兩旁和學校附近。這個藝術計畫產生了效果。一個屋主組織在派恩克雷斯特村成立了，關注的焦點是氣候變遷，領導者是一位海洋科學家。

孩子們也在創作氣候藝術。正如你在第三章所看到的，學校氣候罷課者在紐西蘭基督城所唱的歌，是一名十二歲的女孩寫的。在俄勒岡州的波特蘭市（Portland），每年都有一個「敬重我們的河流」（Honoring Our Rivers）的活動，邀請從幼稚園到大學的學生創作藝術作品、故事與詩歌，以呈現該地區的水道。部分作品會以書的形式出版，並在書店向民眾展示。圖書館、其他公共建築以及學校，也經常展示年輕人創作的環境主題海報與其他藝術作品。

也許你是一個藝術家、作曲家或講故事的人。也許你正在嘗試創作影片、電子遊戲，或者漫畫。你可以使用任何這些創造性的工具來分享你的想法、恐懼、希望，還有願景。

有創造力的人總是在尋找新的溝通方式，比如編織者現在正在製作「氣候圍巾」。他們查詢他們的家鄉、國家或世界每日或每年的溫度紀錄，再把溫度跟顏色連結起來；深藍色代表最冷的溫度，深紫色代表最熱的溫度，中間還有綠色、黃色、橘色跟紅色。然後他們織出長長的圍巾，每一排織線代表一天或一年，線的顏色則代表那一天或年的溫度。

你也可以用別的方式分享你的氣候藝術。如果你有用畫筆或縫紉機的才藝，你可以主動替你的朋友或同學製作標籤、布條或衣服，讓他們在遊行示威中穿戴。藝術與抗議活動常常是攜手前進的。無論你的選擇是什麼，都可以把你獨特的創造力放進去。藝術與娛樂可以讓人們傾聽，幫助他們理解一個訊息，特別是一個沉重的訊息。

找一個運動，或發起一個

一個獨自工作的運動者一樣可以對世界產生巨大的影響。

瑞秋．卡森寫《寂靜的春天》時並沒有參加任何運動，但是就像你在第五章中所看到的，她孤獨而充滿激情的著作啟發了一九七〇年代的環境運動。而這場運動回過頭來又催生一個自然世界保護立法的黃金時代。

我們也越來越常看到，專注於廣泛議題的團體——包括社會正義、環境主義以及氣候行動主義等——將力量集結起來，在教學、策劃、遊行與示威中攜手合作。個人與團體路徑都是好的。前方的道路還有許多空間可容納各種志業與類型的行動主義。

如果為一個共同的志業與他人合作讓你感到振奮，如果你想支持那些跟你目標相同的人並得到他們的支持，那麼就找一個運動加入吧。或者你也可以創造自己的運動，看其他人會不會加入你。

運動會造成效果，你可以成為摩擦力；要讓燃燒世界的機器放緩下來，就需要這種抵抗的力量。

結論

你是第三把火

你正處在一個轉折點上。

正如你在本書中所看到的，人類可能由於氣候變遷而遭受巨大的災難，但是這個危險的時刻也帶來一個絕佳的機會。我們仍然有能力拯救無數人類的生命，拯救我們熟悉的風景，以及許多動物與植物的物種。

「日出運動」的年輕組織者說，現在的時刻同時充滿了「希望與危險」。危險指的是氣候崩潰；這已經在進行中。世界上某些人及某些地區將比其他人更快或遭受更多的痛苦，但我們所有人都處於危險之中——除非我們限制這個星球暖化的速度。而希望指的是，如果我們有足夠的勇氣把握時機，並做出重大改變，那麼我們還可以限制這種暖化。而在做出這些改變時，我們有機會同時解決我們社會面臨的其他許多危機，從遊民到種族歧視。綠色新政說：讓我們全部一起做吧！

現在是重新思考我們該如何生活、飲食、旅行、做生意與維持生計的時候了。團結起來，我們可以做得更多，不只是對抗氣溫上升而已。我們為了保護地球而做的改變，同樣也會保護與支持我們最弱勢與最被忽視的社群，並為所有人創造一個更安全與更公平的世界。

在運動中團結起來，熱切追求環境與社會正義，像比利時這些遊行者——或者像你——一樣的年輕人，就可以改變世界。

氣候變遷使我們所有的社會弊病變得更嚴重。它使戰爭、種族主義、不平等、家庭暴力與缺乏醫療保健的惡劣影響加速到來或更加強化。如果相反地，它加速或強化的是實現和平、經濟公平與社會正義的力量呢？

氣候危機是對我們物種未來的一種威脅。這個威脅有一個確定且基於科學的最後期限。而這個強硬的最後期限或許正是我們所需要的契機，好使各種運動——所有相信人類價值與生命之網的運動——終於串聯起來。

如果我們現在做了正確的事，我們將可以從這場危機中走出來，有些東西會比以前更好。我們可以使用來自太陽與風的再生能源，有更環保的交通，也擁有一個有更多樹木、溼地與草原的世界。透過保護棲地，限制我們對野生動物的獵捕與對自然棲地的破壞，地球上其他物種將有更好的機會跟我們一起存活到未來。我們將有更少的廢棄物，因為我們將會減少塑膠的使用，特別是一次性塑膠的使用；我們也會有更乾淨的空氣和水。

我們還可以更廣泛地參與治理與規劃，也有更多不同的聲音。我們可以承認原住民的土地權利，並創造向他們學習的機會。我們可以擁有一個財富與資源更公平分享的世界。我們可以拒絕把任何人或任何地方當成「犧牲區」。

我們的房子失火了。拯救我們所有的東西已經太晚了，但是我們仍然可以拯救彼此，也可以拯救大量的其他物種。讓我們撲滅火焰，並打造一些不同的東西來取代這把火。這些東西不用非常花俏，但是要能容納所有需要庇護與照顧的人。

我現在看到三把火。一把火是氣候變遷；它燒燬了我們所熟悉的世界。第二把火是不斷上升的憤怒、恐懼與反移民情緒；你在第三章讀到的紐西蘭槍擊事件就是源自於這種情緒。這些情緒正在世界各地推動某些政治決策。它們使人們的心腸與國家的邊界更加堅硬地反對外來者，並使人們傾向專制的領導者。

但是還有第三把火，那就是像你們這樣的新一代年輕運動者胸中的火焰。你們的聲音給了我們能量。你們的願景指向我們最好的未來。現在我們必須為這第三把火增添養分，讓它越燒越大。

火得到越多火花，它就會燒得越亮。我邀請你把你的火花加進來。

你準備好改變一切了嗎？

後記

從冠狀病毒大流行中學習

就在我剛完成這本書的時候，二〇二〇年春天，一種新的傳染性病毒出現了，它給感染者帶來一種被稱為COVID-19（二〇一九新型冠狀肺炎）的疾病。它迅速蔓延，世界很快就陷入冠狀病毒大流行的困境。

成千上萬的人被感染了。許多人悲慘地失去生命，家庭破碎。這場大流行還使人們失去了工作與生意，耗盡了食物與醫療用品等資源，並幾乎使整個國家與經濟停止運作。就像你在本書中讀到的摧殘社區的颶風、洪水與龍捲風一樣，冠狀病毒是一場災難，而且席捲的範圍是全世界。

現在，就像那些災難一樣，我邀請你一起思考未來，思考這場大流行向我們展示了什麼。

冠狀病毒大流行打亂了我們許多既有的系統、模式與做事的方式。經歷過災難的人很自然地會渴望恢復正常，但是事實上，在這樣巨大的災難之後，世界將不再是原來的樣子。它將會發生變化——不過這個變化會是更糟，還是更好呢？

在冠狀病毒危機發生的最初幾個月，作家阿蘭達蒂·洛伊（Arundhati Roy）在印

一場冠狀病毒大流行在二〇二〇年初讓世界停止運作（包括一個名稱就叫做「世界」的劇院）。像所有的災難一樣，它也帶來一個改變的機會。

度說道，她認為這場大流行病是通往未來的大門——或門前走道。她說：「從歷史上看，大流行病迫使人類與過去決裂，並重新想像他們的世界。這一次也不例外。它是一道大門，一條連結一個世界與另一個世界的通道。」

「我們可以選擇穿過它，身後拖著各種死屍：我們的偏見與仇恨、我們的貪婪、我們的資料庫與死去的理念、我們死亡的河流與霧霾籠罩的天空。或者我們可以輕鬆地穿過它，帶著很少的行李，準備去想像另一個世界。而且準備好為它而戰。」

換句話說，在這場悲慘的危機之後，我們可以勉力返回我們原來的地方，即使知道許多人將被丟在後面。或者我們可以抓住這個機會，沿著不同的路線重建我們的未來，將我們的關懷擴大到包括每個人。在我們考慮那個未來會是什麼模樣時，我們應該記住我們在這次大流行期間所學到的東西，就像我們必須把我們在氣候危機中學到的東西加以應用一樣。

這場大流行揭露了，許多國家的領導者與政府機構，也就是那些本來應該在危機中提供指導與救援的人，準備不足、缺乏演練，也無法制定與傳達一個明確的計畫來對抗這隻病毒。多年來，在「小政府」的旗幟下，公共領域一直缺乏資金。擁有充分知識與經驗的人已經離開官職或者被裁撤。結果是：當數百萬人民需要「大政府」的援助時，他們只能靠自己，或者被迫仰賴搖搖欲墜的地方政府。

在美國，由於感染人數眾多，冠狀病毒讓我們清楚看到，當醫療體系是追求利潤，而不是把每個國民的醫療保健視為基本權利時，究竟意味著什麼。沒有醫療保險的

就像在災難中總是發生的那樣，一般人在二〇一九新型冠狀肺炎大流行期間找到了互相幫助與幫助他們社區的辦法。

人不敢尋求治療，同時許多尋求治療的人卻發現，醫療體系缺乏準備，無法適切地照料他們。醫院高層與醫療產業的領導者長期以來一直試著盡可能減少支出，同時為自己與投資人盡量賺取最多的錢。他們向來堅持以最低的空床數與最少的工作人員來完成醫院的工作。他們從來沒有提升過在公共衛生緊急情況下所需基本物資的庫存。

不過，這個病毒也不只是公共衛生的問題，它也凸顯了本書所探討的許多環境真相。二〇二〇年四月，生物多樣性和生態系服務政府間科學政策平台（Intergovernmental Science-Policy Platform on Biodiversity and Ecosystem Services）的一群野生動物與生態系統科學家發表一份報告，指出傳染病的大流行跟我們對大自然肆無忌憚的利用是有關聯性的。他們指出，「最近的傳染病大流行是人類活動的直接後果，特別是我們全球金融與經濟體系不惜一切代價鼓勵經濟成長的結果。」

超過三分之二的新興人類疾病是從動物身上傳來的。比如這個冠狀病毒就被認為原先是無害地存在於蝙蝠身上。但是透過許多人類活動，像森林砍伐、在野生地區採礦、修路與建設農場，使人類與其他物種的接觸與衝突越來越多。把野生動物當作食物與寵物也是如此。而一旦有疾病從動物身上跳到人類宿主身上，我們繁忙的城市交通與遍及全球的航空旅行就幫助它在人類群體中快速且廣泛地傳播。這群科學家指出，冠狀病毒大流行後的經濟重建計畫必須包括在世界各地加強環境保護。

當政府採取行動，命令企業關閉、人們盡可能在家工作，以減緩病毒的傳播時，車輛交通就降低為平日的一小部分。航空旅行也是如此。這些改變似乎為氣候帶來了好消息：空氣更乾淨了，溫室氣體排放也變少了。但是，儘管這些變化是正面的，但也都是短期性的。人們是被迫接受這些變化的。許多人急於恢復大流行之前的「正常生活」。要使乾淨的空氣與低排放持續下去，我們需要對能源與交通體系進行長期且澈底的改變。

最後，這場大流行使環境不正義的現象被殘酷地顯現出來了。生活在空氣汙染嚴重地區的人，重症與死亡的比率也更高。他們的惡劣環境使他們更容易受病毒感染——而那些住在空氣汙染最嚴重的社群往往是窮人與有色人種。如此一來，環境不正義就導致了醫療不正義。

在一九三〇年代的大蕭條危機之後，美國找到了改造社會的意志與資金，並使許多美國人的痛苦得以解脫。在危機時期，曾經看似不可能的想法，突然間變得是可能的了——但是是哪些想法呢？是盡可能讓更多人安全的合理公平的想法，還是讓有錢到難以想像的富人更加有錢的掠奪性的想法？政府是否會花費數十億美元，繼續金援那些已經非常有錢的產業，比如化石燃料、遊輪與航空公司？還是會把這些錢轉而用在所有人的醫療保健，以及創造就業與對抗氣候變遷的綠色新政？

我從冠狀病毒大流行中看到的最大教訓是，每一個人，從每個國民、家庭到政府領導者，都做出了艱難但必要的改變——這些改變超乎我們之前的想像。許多人以充滿創意與慷慨的方式面對挑戰，為醫療工作者製作口罩與防護裝備，關照他們的年老鄰居，盡他們的能力提供幫助。各國政府也動用資金挹注他們國家的經濟。

這場大流行病在所有方面上考驗著我們。它也再次向我們顯示，社會發展方向確實有可能進行重大且快速的改變。事實上，不只社會方向，一切的改變都是可能的。我們現在的挑戰是利用這種創造力與能量，以及這些資源，不只要對抗二〇一九新型冠狀肺炎，而且也對抗氣候變遷、氣候不正義，並爭取一個更公平的未來。

氣候災難的自然解決方案

（二〇一九年四月的公開信）

世界面臨著兩個生存危機，而且各自以駭人的速度發展：氣候崩潰與生態崩潰。兩者都沒有得到必要的緊急處置，我們的生命支持系統有逐步陷入崩潰的危險。我們寫這篇公開信，是為了提倡一種讓人興奮，但受到忽視，能避免氣候混亂，同時也保護生命世界的方法，那就是：自然氣候解決方案（natural climate solutions）。它的意思是，藉由保護與恢復生態系的方式，把二氧化碳從大氣中抽取出來。

當我們保護、恢復與重建森林、泥炭地、紅樹林、鹽沼、自然海床以及其他重要的生態系時，大量的碳可以從空氣中被移除並儲存起來。同時，對這些生態系進行保護與復育，可以把第六次大滅絕的程度降到最低，並且增強當地人抵抗氣候災害的能力。捍衛生命世界與捍衛氣候在很多情況下是同一回事。到目前為止，這種可能性在很大程度上被忽視了。

我們呼籲各國政府提供一項緊急的研究計畫、資金以及政治承諾，來支持自然氣候解決方案。關鍵是，政府必須在原住民與其他當地社群的指導下、在他們自由、事先與充分知情的同意下展開工作。

這個解決方案不應該被用來取代工業經濟的快速與全面的去碳化。用一個目標堅定且資金充裕的計畫——包括自然氣候解決方案在內——來解決氣候混亂的所有原因，可以幫助我們把地球暖化控制在攝氏一．五度以內。這些危機有很高的急迫性。我們要求以相應的急迫性展開作業。

格蕾塔．童貝里（Greta Thunberg）運動者
瑪格麗特．阿特伍德（Margaret Atwood）作家
麥可．曼（Michael Mann）著名大氣科學教授
娜歐蜜．克萊恩（Naomi Klein）作家與運動人士
穆罕默德．納希德（Mohamed Nasheed）馬爾地夫前總統
羅文．威廉斯（Rowan Williams）前坎特伯雷大主教
迪亞．米爾扎（Dia Mirza）演員，聯合國環境親善大使
布萊恩．埃諾（Brian Eno）音樂家和藝術家

菲利普・普爾曼（Philip Pullman）作家
比爾・麥克吉本（Bill McKibben）作家和運動者
西蒙・路易士（Simon Lewis）全球變遷科學教授
休・費恩利 - 惠廷斯托爾（Hugh Fearnley-Whittingstall）主持人和作家
夏洛特・惠勒（Charlotte Wheeler）森林復育科學家
大衛・鈴木（David Suzuki）科學家和作家
阿諾尼（Anohni）音樂家和藝術家
阿夏・德・沃斯（Asha de Vos）海洋生物學家
耶布・薩尼奧（Yeb Saño）運動者
比圖・薩加爾（Bittu Sahgal）聖地自然基金會創辦人
約翰・索文（John Sauven）英國綠色和平組織執行董事
克雷格・班奈特（Craig Bennett）地球之友執行長
露絲・戴維斯（Ruth Davis）皇家鳥類保護協會全球專案副主任
麗貝卡・里格利（Rebecca Wrigley）英國再野化組織執行長
喬治・蒙比奧特（George Monbiot）新聞記者

補充資料

書籍

Diavolo, Lucy, ed. *No Planet B: A Teen Vogue Guide to the Climate Crisis.* Chicago: Haymarket Books, 2021.

Margolin, Jamie. *Youth to Power: Your Voice and How to Use It.* New York: Hachette Go, 2020.

Nardo, Don. *Planet Under Siege: Climate Change.* San Diego: Reference Point Press, 2020.

New York Times Editorial. *Climate Refugees.* New York: New York Times Educational Publishing, 2018.

Thunberg, Greta. *No One Is Too Small to Make a Difference.* New York: Penguin, 2019.

幫助你參與行動的網路資料

https://www.youtube.com/watch?v=KAJsdgTPJpU

來自「PBS新聞一小時」（PBS Newshour），格蕾塔．童貝里二〇一九年九月二十三日在聯合國帶有猛烈批評的演講。

https://www.youtube.com/watch?v=d9uTH0iprVQ

來自未來的消息

動畫短片，關於綠色新政之後的生命。旁白：Alexandria Ocasio-Cortez, 製作：Molly Crabapple, Avi Lewis, Naomi Klein.

https://www.youtube.com/watch?v=2m8YACFJlMg

來自未來的消息（二）：**修復之年**（Years of Repair）

這部動畫短片的主題是，二〇二〇年傳染病全球大流行與對抗種族歧視的行動成為跳板，使人類得以建設更好的社會與治癒我們的星球。

https://www.youtube.com/watch?v=_h1JbSBqZpQ

秋天．佩爾蒂亞與格蕾塔．童貝里

在這部短片裡，娜歐蜜．克萊恩訪問年輕的運動者秋天．佩爾蒂亞與格蕾塔．童貝里；兩人都是二〇二〇年多倫多國際影展紀錄片的主角。

https://solutions.thischangeseverything.org/

Beautiful Solutions 收集了關於環境正義與社會正義的故事、理念與價值觀，也有世界各地許多為此而努力的運動者（包括年輕運動者）的個案介紹。

https://stopthemoneypipeline.com/

「切斷融資管道」（Stop the Money Pipeline）是一項社會運動，目標在使化石燃料產業為它對我們世界的氣候造成的破壞負起責任。這個運動致力於讓一般人瞭解化石燃料計畫背後的金錢流動，並勸阻銀行及其他機構對這些計畫進行投資。

https://leapmanifesto.org/en/the-leap-manifesto/

「飛躍宣言」（The Leap Manifesto）呼籲能源民主、社會正義以及一個「以愛護地球和彼此關懷為基礎的」公共生活。雖然「飛躍」是由許多運動的原住民代表與運動人士所發起的一個加拿大的計畫，但是它的願景可以適用在任何地方。

https://www.youtube.com/watch?v=kP5nY8lzURQ

「下沉或浮著」（Sink or Swim）是年輕運動者德萊尼．雷諾茲（Delaney Reynolds）在 TED 少年講座關於氣候變遷的談話。

https://naomiklein.org/
娜歐蜜．克萊恩的個人網站，有關於她的新聞報導、書籍與影片的資訊。

https://www.sunrisemovement.org/
日出運動的網站；你能找到你所在區域的相關團體的線上資源與資訊。

https://climatejusticealliance.org/workgroup/youth/
「氣候正義聯盟少年工作組織」的網站。

https://www.earthguardians.org
地球看守者（Earth Guardians）以多樣性為宗旨，並訓練世界各地的年輕人成為為環境正義、氣候正義與社會正義而奮鬥的領導者。

http://thisiszerohour.org
「零時」運動的網站，由有色運動者成立且主導。

https://strikewithus.org/

一個反資本主義、勞動階級、多元種族、為氣候行動而組織起來的青年聯盟，

https://www.vice.com/en_us/article/8xwvq3/11-young-climate-justice-activists-you-need-to-pay-attention-to-beyond-greta-thunberg

一篇線上文章，有本書著重介紹的幾位運動者的簡介，也有其他人的介紹。

致謝

娜歐蜜：

能夠找到麗貝卡．斯蒂夫（Rebecca Stefoff）這樣一位敬業而有才華的協作者，是一件多麼令人高興的事情。她的遠見與細心付出使這本書成為可能。書中許多年輕氣候運動者令人鼓舞的簡介是由她所撰寫。無盡感謝安東尼．阿諾夫（Anthony Arnove）為我們牽線搭橋，使這個專案得以實現。亞歷克薩．帕斯托（Alexa Pastor）為我們創造了一個美好的出版基地，並提供了許多有用的編輯意見。拉吉夫．西科拉（Rajiv Sicora）把他豐富的氣候知識用於事實核查；傑基．喬伊納（Jackie Joiner）以堅定不移的專注和優雅的態度指導我們所有人；阿維．劉易斯（Avi Lewis）是我一切事務的合作伙伴。這本書援引了十五年的研究和寫作，這意味著我無法感謝所有支持我、使這本書成為可能的科學家、運動者、作家同行、編輯、代理人和朋友們。另一方面，我想感謝那些年輕的讀者，他們的好奇心、道德感以及對自然世界的熱愛給生活帶來了快樂和靈感；他們是 Zoe, Aaron, Theo, Zev, Yoav, Zimri, Yoshi, Mika, Tillie, Levi, Nate, Eve, Arlo, Georgia, Miriam, Beatrice, Mavis, Leo, Nick, Adam。當然，還有我們美麗的海洋男孩 Toma。

麗貝卡：

我非常感謝娜歐蜜．克萊恩與和安東尼．阿諾夫讓我成為這本書的一部分，也感謝娜歐蜜多年來令人鼓舞的工作。我還要感謝 Atheneum Books for Young Readers 的團隊；他們使這本書更為完善，把書推向世界。我也要感謝永遠支持我的伴侶扎克里．埃德蒙森（Zachary Edmonson）。最重要的是，我無盡地感謝各地青年運動者的熱情：他們有些已經著手去改變一切，有些則正在路上。

參考資料*

* All links available as of April 29, 2020

Chapter 1: Kids Take Action

On Fire by Naomi Klein

https://www.theguardian.com/commentisfree/2019/sep/23/world-leaders-generation-climate-breakdown-greta-thunberg

https://time.com/collection-post/5584902/greta-thunberg-next-generation-leaders/

https://skepticalscience.com/animal-agriculture-meat-global-warming.htm

https://unfoundation.org/blog/post/5-things-to-know-about-greta-thunbergs-climate-lawsuit/

https://www.usatoday.com/story/news/world/2019/09/26/meet-greta-thunberg-young-climate-activists-filed-complaint-united-nations/2440431001/

https://earthjustice.org/blog/2019-september/greta-thunberg-young-people-petition-UN-human-rights-climate-change/

Chapter 2: World Warmers

On Fire by Naomi Klein

This Changes Everything by Naomi Klein

https://www.newsweek.com/record-hit-ice-melt-antarctica-day-climate-emergency-1479326

https://www.theguardian.com/world/2019/dec/29/moscow-resorts-to-fake-snow-in-warmest-december-since-1886

https://www.theguardian.com/commentisfree/2019/dec/20/2019-has-been-a-year-of-climate-disaster-yet-still-our-leaders-procrastinate

https://www.vox.com/2019/12/30/21039298/40-celsius-australia-fires-2019-heatwave-climate-change

https://insideclimatenews.org/news/31102018/jet-stream-climate-change-study-extreme-weather-arctic-amplification-temperature

https://350.org/press-release/1-4-million-students-across-the-globe-demand-climate-action/

https://www.climate.gov/news-features/understanding-climate/climate-change-global-temperature

https://www.businessinsider.com/greenland-ice-melting-is-2070-worst-case-2019-8

https://www.ncdc.noaa.gov/news/what-paleoclimatology

https://www.giss.nasa.gov/research/features/201508_slushball

https://climate.nasa.gov/nasa_science/science/

https://nas-sites.org/americasclimatechoices/more-resources-on-climate-change/climate-change-lines-of-evidence-booklet/evidence-impacts-and-choices-figure-gallery/figure-9/

https://www.theguardian.com/environment/2019/nov/27/climate-emergency-world-may-have-crossed-tipping-points

https://www.ipcc.ch/sr15/chapter/spm/

https://insideclimatenews.org/news/19022019/arctic-bogs-permafrost-thaw-methane-climate-change-feedback-loop

https://www.climate.gov/news-features/understanding-climate/climate-change-global-sea-level

https://www.climate.gov/news-features/understanding-climate/climate-change-global-temperature

https://climateactiontracker.org/global/cat-thermometer/

https://www.ncdc.noaa.gov/sotc/global/201911

https://www.climaterealityproject.org/blog/why-15-degrees-danger-line-global-warming
https://www.reuters.com/article/us-palmoil-deforestation-study/palm-oil-to-blame-for-39-of-forest-loss-in-borneo-since-2000-study-idUSKBN1W41HD
https://oceanservice.noaa.gov/facts/acidification.html
https://www.npr.org/sections/thesalt/2018/06/19/616098095/as-carbon-dioxide-levels-rise-major-crops-are-losing-nutrients
https://climate.nasa.gov/evidence/
https://journals.ametsoc.org/doi/10.1175/BAMS-D-16-0007.1
https://earthobservatory.nasa.gov/features/GlobalWarming/page3.php
https://www.eia.gov/tools/faqs/faq.php?id=73&t=1

Chapter 3: Climate and Justice

The Shock Doctrine by Naomi Klein
No Is Not Enough by Naomi Klein
This Changes Everything by Naomi Klein
"Only a Green New Deal Can Douse the Fires of Eco-Fascism" (https:// theintercept.

com/2019/09/16/climate-change-immigration-mass -shootings/) by Naomi Klein
https://www.greenpeace.org.uk/news/black-history-month-young-climate-activists-in-africa/
https://www.nobelprize.org/prizes/peace/2004/maathai/biographical/
https://www.bloomberg.com/graphics/2019-can-renewable-energy-power-the-world/
https://wagingnonviolence.org/2016/03/how-montanans-stopped-otter-creek-mine-coal-in-north-america/
https://theintercept.com/2019/09/16/climate-change-immigration -mass-shootings/
https://www.huffpost.com/entry/naomi-klein-climate-green-new-deal_n_5e0f66e4e4b0b2520d20b7a5
https://lareviewofbooks.org/article/against-climate-barbarism-a-conversation-with-naomi-klein/
https://theintercept.com/2019/09/16/climate-change-immigration -mass-shootings/
https://www.huffpost.com/entry/naomi-klein-climate-green-new-deal_n_5e0f66e4e4b0b2520d20b7a5
https://lareviewofbooks.org/article/against-climate-barbarism-a-conversation-with-naomi-klein/

https://www.theguardian.com/environment/2016/oct/26/oil-drilling-underway-beneath-ecuadors-yasuni-national-park
https://news.mongabay.com/2019/07/heart-of-ecuadors-yasuni-home-to-uncontacted-tribes-opens-for-oil-drilling/

Chapter 4: Burning the Past, Cooking the Future

This Changes Everything by Naomi Klein
https://www.egr.msu.edu/~lira/supp/steam/wattbio.html
http://ipod-ngsta.test.nationalgeographic.org/thisday/dec4/great -smog-1952/
https://www.history.com/news/the-killer-fog-that-blanketed-london -60-years-ago
https://www.usatoday.com/story/news/world/2016/12/13/scientists-say-theyve-solved-mystery-1952-london-killer-fog/95375738/
https://theculturetrip.com/europe/united-kingdom/england/london/articles/london-fog-the-biography/

Chapter 5: The Battle Takes Shape

This Changes Everything by Naomi Klein

On Fire by Naomi Klein

https://www.teenvogue.com/gallery/8-young-environmentalists-working-to-save-earth

https://www.sanclementetimes.com/ground-san-clemente-high-school-environmental-club-gets-ready-new-year/

https://acespace.org/people/celeste-tinajero/

http://miamisearise.com/

https://www.scientificamerican.com/article/exxon-knew-about-climate-change-almost-40-years-ago/

https://www.theguardian.com/commentisfree/2020/jan/20/big-oil-congress-climate-change

https://thebulletin.org/2019/12/fossil-fuel-companies-claim-theyre-helping-fight-climate-change-the-reality-is-different/

https://insideclimatenews.org/content/Exxon-The-Road-Not-Taken

https://www.ucsusa.org/sites/default/files/attach/2015/07/The-Climate-Deception-Dossiers.pdf

https://www.thenation.com/article/exxon-lawsuit-climate-change/

https://www.bloomberg.com/news/articles/2019-09-12/houston-ship-channel-partially-shut-by-greepeace-protestors

https://www.greenpeace.org/usa/meet-the-brave-activists-who-shut-down-the-largest-fossil-fuel-ship-channel-in-the-us-for-18-hours/

https://www.theguardian.com/us-news/2019/nov/23/harvard-yale-football-game-protest-fossil-fuels

https://www.theguardian.com/business/2020/jan/15/harvard-law-students-protest-firm-representing-exxon-climate-lawsuit

https://www.independent.co.uk/news/uk/home-news/extinction-rebellion-shell-aberdeen-protest-climate-crisis-xr-a9286331.html

Chapter 6: Protecting Their Homes—and the Planet

This Changes Everything by Naomi Klein

https://www.cbc.ca/news/business/enbridge-northern-gateway -agm-1.512878

http://priceofoil.org/2016/07/01/victory-for-first-nations-in-northern-gateway-fight/

https://insideclimatenews.org/news/03052018/enbridge-fined-tar-sands-oil-pipeline-inspections-kalamazoo-michigan-dilbit-spill
https://www.cer-rec.gc.ca/sftnvrnmnt/sft/dshbrd/dshbrd-eng.html
https://www.npr.org/2018/11/29/671701019/2-years-after-standing-rock-protests-north-dakota-oil-business-is-booming
https://psmag.com/magazine/standing-rock-still-rising
https://theintercept.com/2017/05/27/leaked-documents-reveal-security-firms-counterterrorism-tactics-at-standing-rock-to-defeat-pipeline -insurgencies/
https://www.nytimes.com/interactive/2016/11/23/us/dakota-access-pipeline-protest-map.html
https://theintercept.com/2017/05/27/leaked-documents-reveal-security-firms-counterterrorism-tactics-at-standing-rock-to-defeat-pipeline -insurgencies/
https://www.phmsa.dot.gov/
https://earther.gizmodo.com/this-14-year-old-standing-rock-activist-got-a-spotlight-1823522166
https://www.billboard.com/articles/events/oscars/8231872/2018-oscars-andra-day-common-marshall-performance-activists-who-are-they

https://www.ourchildrenstrust.org/juliana-v-us

https://static1.squarespace.com/static/571d109b04426270152febe0/t/5e22508873d1bc4c30fad90d/1579307146820 /Juliana+Press+Release+1-17-20.pdf

https://www.theatlantic.com/science/archive/2020/01/read-fiery-dissent-childrens-climate-case/605296/

https://time.com/5767438/climate-lawsuit-kids/

https://www.businessinsider.com/juliana-vs-united-states-kids-climate-change-case-dismissed-2020-1

http://ourislandsourhome.com.au/

https://www.theguardian.com/australia-news/2019/may/13/torres-strait-islanders-take-climate-change-complaint-to-the-united-nations

https://www.businessinsider.com/torres-strait-islanders-file-un-climate-change-complaint-against-australian-government-2019-5

Chapter 7: Changing the Future

This Changes Everything by Naomi Klein

On Fire by Naomi Klein

The Battle for Paradise by Naomi Klein

https://www.theguardian.com/environment/2019/apr/03/a-natural-solution-to-the-climate-disaster

https://www.globalccsinstitute.com/resources/global-status-report/

https://www.virgin.com/content/virgin-earth-challenge-0

https://www.sciencedirect.com/science/article/pii/S1876610217317174

https://blogs.ei.columbia.edu/2018/11/27/carbon-dioxide-removal -climate-change/

https://www.treehugger.com/environmental-policy/environmentalists-call-carbon-capture-and-storage-forests.html

https://www.ipcc.ch/sr15/

https://www.themanufacturer.com/articles/carbon-capture-and-storeage-takes-a-step-forward/

https://horizon-magazine.eu/article/storing-co2-underground-can-curb-carbon-emissions-it-safe.htm

https://www.nationalgeographic.com/environment/2019/07/how-to-erase-100-years-carbon-emissions-plant-trees/

https://www.bgs.ac.uk/science/CO2/home.html
https://science.sciencemag.org/content/365/6448/76
https://www.technologyreview.com/s/614025/geoengineering-experiment-harvard-creates-governance-committee-climate-change/
https://www.scientificamerican.com/article/risks-of-controversial-geoengineering-approach-may-be-overstated/
https://www.iflscience.com/environment/bill-gatesbacked-controversial-geoengineering-test-moves-forward-with-new-committee/
https://www.salon.com/2020/01/14/why-solve-climate-change-when-you-can-monetize-it/
https://www.nationalgeographic.com/environment/oceans/dead-zones/
https://www.sciencedaily.com/releases/2012/06/120606092715.htm
https://www.businessinsider.com/elon-musk-spacex-mars-plan -timeline-2018-10
https://www.popularmechanics.com/science/a30629428/rand-paul-climate-change-terraform-planets/
https://www.vice.com/en_us/article/8xwvq3/11-young-climate-justice-activists-you-need-to-pay-attention-to-beyond-greta-thunberg

https://www.umass.edu/events/workshop-student-leadership

https://solutions.thischangeseverything.org/module/rebuilding -greensburg,-kansas

https://www.usatoday.com/story/news/greenhouse/2013/04/13/greensburg-kansas/2078901/

https://www.kshs.org/kansapedia/greensburg-tornado-2007/17226

https://www.kansas.com/news/weather/tornado/article147226009.html

https://www.kwch.com/content/news/Greensburg--420842963.html

https://www.usgbc.org/articles/rebuilding-and-resiliency-leed -greensburg-kansas

Chapter 8: A Green New Deal

On Fire by Naomi Klein

This Changes Everything by Naomi Klein

https://web.stanford.edu/class/e297c/poverty_prejudice/soc_sec/hgreat.htm

https://www.theatlantic.com/ideas/archive/2019/03/surprising-truth-about-roosevelts-new-deal/584209/

https://www2.gwu.edu/~erpapers/teachinger/glossary/nya.cfm

https://livingnewdeal.org/creators/national-youth-administration/

https://history.state.gov/milestones/1945-1952/marshall-plan
https://solutions.thischangeseverything.org/module/buen-vivir
https://www.theguardian.com/sustainable-business/blog/buen-vivir-philosophy-south-america-eduardo-gudynas
https://www.history.com/topics/great-depression/civilian-conservation-corps

Chapter 9: A Toolkit for Young Activists

On Fire by Naomi Klein
https://www.campaigncc.org/schoolresources
https://edsource.org/2019/teachers-and-students-push-for-climate-change-education-in-california/618239
https://www.scientificamerican.com/article/some-states-still-lag-in-teaching-climate-science/
https://www.studyinternational.com/news/climate-change-education-schools/
https://www.nytimes.com/2019/11/05/world/europe/italy-schools-climate-change.html
https://www.nbcnews.com/news/world/global-climate-strike-protests-expected-draw-millions-n1056231

https://www.buzzfeednews.com/article/zahrahirji/climate-strike-greta-thunberg-fridays-for-future

https://climatecommunication.yale.edu/publications/consumer-activism-global-warming/

https://www.commondreams.org/news/2020/02/03/divestment-fever-spreads-eco-radicals-goldman-sachs-downgrade-exxon-stock-sell

https://350.org/press-release/global-fossil-fuel-divestment-11t/

https://www.democracynow.org/2019/12/12/cop25_vanessa_nakate_uganda

https://www.nationalgeographic.com/news/2017/03/felix-finkbeiner-plant-for-the-planet-one-trillion-trees/

https://www.plant-for-the-planet.org/en/home

https://www.reuters.com/article/us-climate-change-un-youth/young-climate-activists-seek-step-up-from-streets-to-political-table -idUSKBN1W60OD

https://www.businessinsider.com/youngest-politicians-around-world-2019-3#senator-jordon-steele-john-elected-in-2017-at-the-age-of-22-is-currently-the-youngest-member-of-australi-as-parliament-he-is -also-the-first-with-a-disability

https://www.reuters.com/article/us-climate-change-un-youth/young-climate-activists-seek-

step-up-from-streets-to-political-table -idUSKBN1W60OD
http://www.wansolwaranews.com/2019/08/09/law-students-push-for-urgent-advisory-opinion-as-climate-fight-gains-momentum/
http://www.sciencenewsforstudents.org/article/using-art-show-climate-change-threat
https://willamettepartnership.org/honoring-our-rivers-fledges-the-nest/

Conclusion: You Are the Third Fire

On Fire by Naomi Klein
This Changes Everything by Naomi Klein

照片來源

p. 9, Toby Hudson, Wikimedia, CCA-SA 3.0
p. 11, Sergio Llaguno/Dreamstime.com
p. 19, Holli/Shutterstock
p. 23, Anders Hellberg, Wikimedia, CCA-SA 4.0
p. 29, Mark Lennihan/AP/Shutterstock
p. 33 (left and right), NASA
p. 39, eyecrave/iStock
p. 49 (top and bottom), USG
p. 61, ioerror, Flickr/Wikimedia, CCA-SA 2.0
p. 81, Avi Lewis
p. 99, Danita Delimont/Alamy Stock Photo
p. 109, Alan Tunnicliffe/Shutterstock

p. 117, VectorMine/iStock
p. 121, NT Stobbs, Wikimedia, CCA-SA 2.0
p. 129, Stinger/Alamy Stock Photo
p. 147, Joe Sohm/Dreamstime.com
p. 151, Johnny Silvercloud, Wikimedia, CCA-SA 2.0
p. 163, The Interior, Wikimedia, CCA-SA 3.0
p. 167, UPI/Alamy Stock Photo
p. 171, Arindam Banerjee/Dreamstime.com
p. 175, VW Pics via AP images
p. 195, Peabody Energy, Wikimedia, CCA-SA 4.0
p. 205, Rikitikitao/Dreamstime.com
p. 213, Casa Pueblo
p. 227, Michael Adams, Wikimedia, CCA-SA 4.0
p. 231, Franklin D. Roosevelt Library and Museum
p. 243, Sipa USA via AP Images
p. 263, Paul Wamala Ssegujja, Wikimedia, CCA-SA 4.0

p. 267, Victoria Kolbert, Wikimedia, CCA-SA 4.0
p. 271, Tania Malréchauffé/Unsplash
p. 283, Alexandros Michailidis/Shutterstock
p. 287, Edwin Hooper/Unsplash
p. 289, Alan Novelli/Alamy Stock Photo

next 297

拿回我們的未來

年輕氣候運動者搶救地球的深度行動

How to Change Everything

the young human's guide to protecting the planet and each other

作者	娜歐蜜．克萊恩（Naomi Klein）、麗貝卡．斯蒂夫（Rebecca Stefoff）
譯者	區立遠
主編	王育涵
責任編輯	王育涵
責任企畫	林進韋
封面設計	張巖
內頁設計	LittleWork 編輯設計室
總編輯	胡金倫
董事長	趙政岷
出版者	時報文化出版企業股份有限公司 108019 臺北市和平西路三段 240 號 7 樓 發行專線｜02-2306-6842 讀者服務專線｜0800-231-705｜02-2304-7103 讀者服務傳真｜02-2302-7844 郵撥｜1934-4724 時報文化出版公司 信箱｜10899 臺北華江郵政第 99 信箱
時報悅讀網	www.readingtimes.com.tw
人文科學線臉書	http://www.facebook.com/humanities.science
法律顧問	理律法律事務所｜陳長文律師、李念祖律師
印刷	紘億印刷有限公司
初版一刷	2021 年 11 月 12 日
定價	新臺幣 400 元

ISBN 978-957-13-9577-7｜Printed in Taiwan

拿回我們的未來：年輕氣候運動者搶救地球的深度行動／娜歐蜜．克萊恩（Naomi Klein）、麗貝卡．斯蒂夫（Rebecca Stefoff）著；區立遠譯. -- 初版. -- 臺北市：時報文化, 2021.11｜320 面；14.8×21 公分

譯自：How to change everything : the young human's guide to protecting the planet and each other

ISBN 978-957-13-9577-7（平裝）

1. 環境科學 2. 環境保護 3. 全球氣候變遷 4. 通俗作品｜367.212｜110017194

時報文化出版公司成立於一九七五年，並於一九九九年股票上櫃公開發行，於二〇〇八年脫離中時集團非屬旺中，以「尊重智慧與創意的文化事業」為信念。